Martin Lutz

Praxisleitfaden Gebäudereinigung

2., überarbeitete und erweiterte Auflage

Fachwissen kompakt

Martin Lutz

Praxisleitfaden Gebäudereinigung

2., überarbeitete und erweiterte Auflage

Fachwissen kompakt

ecomed
SICHERHEIT

Hinweise für den Benutzer

In diesem Werk werden Rechtsgrundlagen, physikalisch-chemische Daten, Grenzwerte, Gefahrenhinweise und Sicherheitsratschläge erwähnt. Diese Angaben sind nach bestem Wissen zusammengestellt, dennoch sind Fehler nicht vollständig auszuschließen. Aus diesem Grund sind alle Angaben mit keiner Verpflichtung oder Garantie der Autoren und des Verlages verbunden. Sie übernehmen infolgedessen keinerlei Verantwortung oder Haftung für etwaige inhaltliche Unrichtigkeiten des Werkes.

Die Wiedergabe von Gebrauchsnamen, Handelsnamen, Warenbezeichnungen usw. in diesem Werk berechtigt auch ohne besondere Kennzeichnung nicht zu der Annahme, dass solche Namen im Sinne der Warenzeichen- und Markenschutzgesetzgebung als frei zu betrachten wären und daher von jedermann benutzt werden dürfen.

Bibliografische Informationen der Deutschen Nationalbibliothek

Die Deutsche Nationalbibliothek verzeichnet diese Publikation in der Deutschen Nationalbibliografie; detaillierte bibliografische Daten sind im Internet über http://www.dnb.de abrufbar.

Bei der Herstellung des Werkes haben wir uns zukunftsbewusst für umweltverträgliche und wiederverwertbare Materialien entschieden. Der Inhalt ist auf chlorfrei gebleichtem Papier gedruckt.

Das Titelbild wurde mit freundlicher Genehmigung von Vileda-Professional zur Verfügung gestellt.

ISBN 978-3-609-68746-9

E-Mail: kundenbetreuung@hjr-verlag.de

Telefon: +49 89/2183-7928
Telefax: +49 89/2183-7620

www.ecomed-storck.de

Satz: abavo GmbH, 86807 Buchloe
Druck: Kessler Druck + Medien, 86399 Bobingen

Vorwort

Welche Behandlungsmittel werden in welcher Dosierung für welche Oberflächen angewandt? Welche Arbeitssicherheitsmaßnahmen sind dabei zu berücksichtigen? Und welches rationelle Reinigungsverfahren wird bei der täglichen Unterhaltsreinigung eines Linoleum-Belages eingesetzt?

Mit diesen und ähnlichen Fragestellungen sehen sich Beschäftigte in der Gebäudereinigungsbranche tagtäglich konfrontiert.

Neben der Darstellung der Grundlagen der Reinigungs- und Hygienetechnik und dem richtigen Einsatz von Reinigungs- und Pflegemitteln werden in der vorliegenden Broschüre vor allem die neuesten Reinigungstechnologien für die verschiedensten Oberflächenarten behandelt. Auch weitere wichtige Themen aus den Bereichen Mikrobiologie und Desinfektion, Arbeits- und Umweltschutz sowie Personalmanagement finden Berücksichtigung.

Diese Broschüre dient sowohl als Leitfaden für die täglich neuen Aufgaben von Objekt-Verantwortlichen als auch als Nachschlagewerk und zur Vertiefung wichtiger Grundkenntnisse in der Reinigungs- und Hygienetechnik. Sie bietet Einsteigern und Objekt-Verantwortlichen stets einen schnellen Überblick über die unterschiedlichsten Möglichkeiten der Reinigung; die Praxisnähe der Texte dient den Nutzern als anwendungsnahe Arbeitshilfe.

Der Autor ist Leiter des FIGR Forschungs- und Prüfinstituts für Facility Management GmbH in Metzingen. Zur Fachliteratur der Reinigungs- und Hygienetechnik hat er bereits mit zahlreichen Publikationen beigetragen.

Anregungen, die zur Ergänzung bzw. Verbesserung des Praxisleitfadens führen, nimmt der Autor gerne entgegen.

Metzingen, im Mai 2014
Martin Lutz

Inhaltsverzeichnis

1 Grundlagen der Reinigungstechnik

1.1 Allgemeine Grundlagen

Ziel der Reinigung ist eine rationelle, möglichst vollständige Schmutzentfernung bzw. Keiminaktivierung ohne Schaden für Gesundheit, Umwelt und Oberflächen.

Dabei versteht man unter Reinigung die Beseitigung bzw. den Abtrag unerwünschter Substanzen von Oberflächen, während unter Pflege der Auftrag erwünschter Substanzen auf Oberflächen verstanden wird.

Wesentliche Aufgaben der Reinigung und Pflege sind:

- Schutz vor schädigenden Einflüssen und damit Werterhaltung, z. B.
  - chemische Einwirkungen,
  - mechanische Einwirkungen,
  - biologische Einwirkungen,
  - Umwelteinflüsse;
- Verbesserung der Optik
  - Schmutzbeseitigung,
  - Schönheit und Ästhetik;
- Erhaltung der Funktionsfähigkeit
  - bei der Pflege von Produktionsanlagen,
  - Vermeidung von Unfällen,
  - bessere Begehsicherheit durch geeignete Pflegefilme;
- Aufrechterhaltung der Hygiene und Arbeitssicherheit, z. B.
  - Verminderung der Keimzahl auf Oberflächen,
  - Verbesserung der Trittsicherheit;
- Verbesserung der Gebrauchseigenschaften, z. B.
  - antistatische, geruchsverbessernde, schmutzabweisende Behandlung.

Schmutz und Stäube

Schmutz ist Materie am falschen Platz. Er kann aus einer vielfältigen Zusammensetzung von unerwünschten Substanzen bestehen. Die Schmutzteilchen können groß oder mikroskopisch klein und fest, halbfest oder flüssig sein. Die Schmutzentfernung ist für die Hygiene, die Werterhaltung der Werkstoffoberflächen und für die Verbesserung der Optik wichtig.

Entsprechend der Schmutzhaftung unterscheidet man:

- lose aufliegende Verschmutzungen
  - Grobschmutz (Papierknäuel, Wollmäuse, Sand, Splitt, Laub etc.),
  - Feinschmutz (Staub, Flusen, Haare etc.);
- haftende Verschmutzungen
  - wasserlöslich (Getränkeflecken, Straßenschmutz),
  - lösemittellöslich (Fett, Öl, Lacke, Klebstoffe, Kaugummi etc.),
  - nicht entfernbar mit Wasser oder Lösemittel (Oxidationen, Gipsverkrustungen etc.).

Wie nachfolgende Tabelle zeigt, kann die Schmutzhaftung unterschiedlich sein.

Art der Schmutzhaftung	Merkmale
Elektrostatische Anziehungskräfte	Durch Reibung auf elektrischen Nichtleitern (z. B. Kunststoffoberflächen) kommt es zu einem Elektronenabrieb und somit zu einer elektrostatischen Aufladung der Werkstoffoberfläche; die unterschiedlich geladenen Schmutzteilchen (z. B. Staub) werden von der Werkstoffoberfläche angezogen, da sich ungleichnamige Ladungen anziehen
Adhäsionskräfte	Anhangskraft zwischen Stoffen verschiedener Art (z. B. Griffspuren auf Edelstahl)
Mechanische Verankerung	z. B. verankern sich im Fasermaterial eines Teppichbodens: Brotkrümel, Steinchen, Nägel, Fäden, Büroklammern etc.
Chemische Oberflächenveränderungen	z. B. Korrosion durch Oxidation
Erdanziehungskraft (Gravitation)	z. B. setzt sich Staub ab und bleibt auf waagrechten Oberflächen liegen

Verschiedene Faktoren beeinflussen die Haftung des Schmutzes wie z. B.:

- die Beschaffenheit der Werkstoffoberfläche,
- die Art der Werkstoffzusammensetzung,
- die Größe und das „Alter“ des Schmutzes,
- die Art des Schmutzes.

Stoffe der Wasserverwandtschaft	Stoffe der Ölverwandtschaft
Beispiele: • Getränke (Tee, Kaffee, Cola etc.) • Marmelade • Ketchup • Senf • Honig • Zucker • Salz • Stärke • Eiweiß • Urin	Beispiele: • Öle, Fette • Wachse • Polymere/Kunststoffe • Schuhcreme • Kugel-/Filzschreiber • Bitumen • Teer • Ruß

Eigenschaften und Gefahren von Stäuben:

- Transportmittel für krankheitserregende Keime und krebserzeugende Stoffe (z. B. Dioxin, PCB = polychlorierte Biphenyle),
- Explosionsgefahr (z. B. durch Zellulosestäube, Holzstäube, Mehlstäube etc.),
- Trittsicherheit wird verringert; bis zu 50 % seiner Sicherheit kann ein staubiger Bodenbelag (z. B. durch zu geringe Reinigungshäufigkeit) verlieren,
- kanzerogene (krebserzeugende) oder fibrogene (verursachen Lungenkrankheiten) Stäube (z. B. Asbest, Buchen- und Eichenholzstaub, Chemikalienstäube, Blei- und Cadmiumstäube).

Reinigungsfaktoren

Bei einem Wasch- und Reinigungsvorgang sind nach Sinner vier Reinigungsfaktoren beteiligt.

Am Beispiel der alkalischen Fettschmutzentfernung sollen die vier Reinigungsfaktoren Chemie, Zeit, Temperatur und Mechanik erläutert werden:

- Chemie: Alkali „verseift“ Fettschmutz und macht ihn wasserlöslich.
- Zeit: Einwirkzeit bzw. Bearbeitungszeit nach dem Auftrag des Reinigungsmittels.

■ Abb. 1/1: Sinner’scher Kreis

- Temperatur: Durch warmes Wasser wird die Entfernung hartnäckiger Fettschichten beschleunigt.
- Mechanik: Manuelles oder maschinelles Scheuern mit Pads oder Scheuerbürsten zur Beschleunigung der Fettschmutzentfernung.

1.2 Schmutzfangzonen/Schmutzschleusen

Durch geeignete Schmutzfangzonen kann ein Großteil (bis ca. 80 %) des üblicherweise in ein Objekt hineingetragenen Schmutzes abgefangen werden.

Voraussetzung ist, dass diese Schmutzfangzonen an allen Eingängen sowie überall dort eingebaut werden, wo eine Schmutzanhäufung stattfinden kann (z. B. vor Aufzügen, Cafeterias, Übergänge zwischen Produktion und Verwaltung etc.).

Die Auswahl einer Schmutzfangzone muss objektbezogen erfolgen. Die Größe und Platzierung muss so festgelegt sein, dass ein Besucher mindestens sechs bis acht Schritte auf der Schmutzfangzone zurücklegt und keine Möglichkeit hat, die Schmutzschleuse zu umgehen.

An Schmutzfangzonen werden folgende Anforderungen gestellt:

- Gute Schmutzaufnahme,
- gute Schmutzbindung von:
  - trockenem Straßenschmutz (Sand/Staub),
  - nassem Straßenschmutz,
  - Winterschmutz (Streugut/Schnee),
  - Schmutz aus Produktionsbereichen,
- ausreichende Größe (mindestens sechs bis acht Schritte ohne Ausweichmöglichkeit),
- gute Optik,
- Begehsicherheit,
- gute Schmutzabgabe bei Reinigung,
- lange Standzeit.

Üblicherweise kommen folgende Arten von Schmutzfangzonen zum Einsatz:

- Gitterroste,
- Gummi- bzw. Vinylprofile,
- Vinylschlingen,
- Kokos-/Sisalmatten,
- Alu- bzw. Kunststofflamellen mit Gummiprofil oder textilem Belag,

- textile Schmutzfangmatten,
- maschinelle Schmutzschleusen.

Überblick der Eigenschaften verschiedener Schmutzschleusen

Eigenschaften	Textile Schmutzfangmatten	Alulamellen mit textilem Belag	Vinylschlingengewirr	Kokosmatten	Gitterroste	Gummi-/Vinylprofile
Reinigungswirkung						
Nässe	++	++	–	o	–	–
nasser Grobschmutz (Sand)	+	+	++	o	+	+
trockener Feinschmutz (Asche)	++	++	o	–	–	+
Schmutzübertragung auf nachfolgende Schuhe	j	j	n	j	n	n
Trittsicherheit	++	+	o	o	–	+
Reinigung der Schmutzschleusen	++	++	+	–	++	++
Farbliche Auswahl	++	+	+	–	–	–
Optik nach längerem Gebrauch	+	+	++	o	++	++
Haltbarkeit	+	+	++	o	++	+

Legende: ++ = sehr gut; + = gut; o = befriedigend; – = gering; j = ja; n = nein

1.3 Trittsicherheit/Rutschsicherheit

Der Begriff Trittsicherheit umfasst die Rutschhemmung einer Oberfläche. Fußböden mit profilierter Oberfläche gelten als besonders rutschhemmend. Jedoch können auch glatte Fußböden außerordentlich trittsicher sein.

Als besonders trittsicher gelten folgende Bodenbeläge:

- Textilbeläge,
- glatte und insbesondere profilierte Gummibeläge,
- Quarzvinylbeläge,
- spaltraue und grob geschliffene Steinbeläge,
- kunststoffvergütete Industrieböden mit eingestreutem Granulat bzw. Sand,
- keramische Beläge mit Verdrängungsraum und/oder eingestreutem Granulat bzw. Sand,
- Betonwerksteinplatten mit Splittauflage.

Einflüsse auf die Trittsicherheit sind z. B.:

- Art des Bodenbelags,
- Art des Pflegefilms,
- Art der Schuhsohlen (Profilierung, Material der Sohlen),
- Druck auf die Belagsfläche,
- Schmutzaufnahme des Fußbodenbelags,
- Reinigungshäufigkeit (z. B. einmal wöchentlich oder täglich),
- Reinigungsverfahren,
- Bodenfeuchtigkeit (Nässe auf dem Belag oder andere gleitende Medien),
- Luftfeuchtigkeit des Raums.

Möglichkeiten, um die Trittsicherheit eines Bodenbelags zu beeinflussen sind z. B.:

- Erhöhung der Reinigungshäufigkeit (aufliegender Staub wirkt auf einem Fußboden wie ein Kugellager),
- Änderung der Reinigungsmethode (statt kehren den Belag staubbindend wischen),
- Wechsel des Reinigungs- bzw. Wischpflegemittels,
- Bearbeitung des Belags mit einem geeigneten Pad (Bodenreinigungsscheibe),
- Auftrag eines rutschhemmenden Pflegefilms.

Stoffe, die normalerweise die Trittsicherheit negativ beeinflussen, sind:

- Staub,
- Öle,
- Fette,
- Obstreste,
- Wasser (Nässe auf dem Boden), Eis und Schnee etc.

Vorschriften, Richtlinien und Empfehlungen

- Arbeitsstättenverordnung,
- Technische Regel für Arbeitsstätten ASR A1.5/1,2 „Fußböden“,
- Regeln für Sicherheit und Gesundheitsschutz der DGUV (Deutsche Gesetzliche Unfallversicherung) und deren Informationsschriften (z. B. BGR 181/GUV-R 181, GUV-I 8527),
- Normen (z. B. DIN EN 13893, DIN 51097, DIN 51130, DIN 51131, DIN 18032-2).

Die Arbeitsstättenregel ASR A1.5/1,2 „Fußböden", veröffentlicht von der Bundesanstalt für Arbeitsschutz und Arbeitsmedizin (BAuA), konkretisiert den § 3 der Arbeitsstättenverordnung (ArbStättV) und gilt für das Einrichten und Betreiben von Fußböden in Arbeitsstätten. Die Anhänge der ASR A1.5/1,2 „Fußböden" beruhen auf der BGR/GUV-R 181 „Fußböden in Arbeitsräumen und Arbeitsbereichen mit Rutschgefahr". Danach werden Arbeitsräume, Arbeitsbereiche und betriebliche Verkehrswege, deren Fußböden nutzungsbedingt bzw. aus dem betrieblichen Ablauf heraus mit gleitfördernden Stoffen (z. B. Wasser, Öl, Fett, Speiseresten, Lebensmitteln, Staub, Pflanzenresten) in Kontakt kommen, die eine Gefahr des Ausrutschens darstellen, in die Bewertungsgruppen der Rutschhemmung R 9 bis R 13 eingeteilt. Beurteilt wird der Grad der Rutschhemmung dabei entsprechend der DIN 51130 „Prüfung von Bodenbelägen – Bestimmung der rutschhemmenden Eigenschaft – Arbeitsräume und Arbeitsbereiche mit Rutschgefahr, Begehungsverfahren – Schiefe Ebene", die als Grundlage zur Zuordnung der Bewertungsgruppe dient. Für die jeweilige Klassifizierung wird der zu prüfende, mit Gleitmittel bestrichene Bodenbelag auf einer schiefen Ebene mit verstellbarem Neigungswinkel von einer Prüfperson vor- und rückwärts begangen. Ab einer bestimmten Neigung erreicht die Prüfperson die Grenze des sicheren Gehens. Dieser Neigungswinkel bestimmt die Einordnung des Bodenbelags in die entsprechende Bewertungsgruppe.

R 9	Neigungswinkel von 6° bis 10°; sehr geringe Anforderungen (Eingangsbereiche, Treppen, OP-Räume, Laborräume)
R 10	Neigungswinkel von 10° bis 19°; geringe Anforderungen (Toiletten, Waschräume, Teeküchen, Werkräume in Schulen, Lehrküchen in Schulen)
R 11	Neigungswinkel von 19° bis 27°; ein Verdrängungsraum ist nicht vorgeschrieben (z. B. Küchen für Gemeinschaftsverpflegung)
R 12	Neigungswinkel von 27° bis 35°; hohe Anforderungen, vorgeschriebener Verdrängungsraum (z. B. Kühlräume für unverpackte Ware, Spülräume)
R 13	Neigungswinkel von mehr als 35°; sehr hohe Anforderungen, vorgeschriebener Verdrängungsraum (z. B. Majonäseherstellung)

In bestimmten Arbeitsräumen oder -bereichen ist wegen des Anfalls bzw. der Menge besonderer gleitfördernder Stoffe für diese Bodenbeläge ein Verdrängungsraum unterhalb der Gehebene erforderlich. Diese sind durch den Buchstaben „V" in Verbindung mit der Kennzahl für das Mindestvolumen des Verdrängungsraums (in cm^3/dm^2) gekennzeichnet. Beispielsweise ist das Mindestvolumen des Verdrängungsraums bei V 6 = 6 cm^3/dm^2.

Für nassbelastete Barfußbereiche nach DIN 51097 – z. B. in Schwimmbädern – gibt es für keramische Fliesen folgende Kategorien:

A	Mindestneigungswinkel 12°	weitgehend trockene Barfußbereiche, Einzel- und Sammelbeckenböden
B	Mindestneigungswinkel 18°	nassbelastete Barfußbereiche, Duschräume, Beckenumgänge, ins Wasser führende Treppen mit beidseitigen Handläufen
C	Mindestneigungswinkel 24°	ins Wasser führende Treppen, Durchschreitebecken, geneigte Beckenränder

Messung der Trittsicherheit durch Bestimmung des Gleitreibungskoeffizienten

Gleitmessgeräte, die vor Ort eingesetzt werden können:

- Floor-Slide-Control FSC 2000, FSC 3,
- Gleitmessgerät GMG 100, GMG 200.

Die mobilen Gleitmessgeräte (FSC 2000, FSC 3, GMG 100, GMG 200) messen den dynamischen Gleitreibungskoeffizienten (μ) zwischen einem belasteten Gleiter und der zu prüfenden Bodenfläche. Dabei können verschiedene Messgleiter (Leder, Gummi, Kunststoff oder für eine Laborprüfung nach DIN EN 13893 auch ein Leder-Gummi-Mischgleiter) zur Anwendung kommen. Der gemessene Durchschnittswert ist direkt am Gerät ablesbar. Je nach Messgerät können die Messergebnisse zur Dokumentation entweder direkt am Gerät auf einem Messstreifen ausgeplottet oder über einen PC mit Drucker ausgedruckt werden. Auf den Messprotokollen sind der Verlauf der Haftreibung und die kontinuierliche Gleitreibung (auch über längere Strecken) ersichtlich.

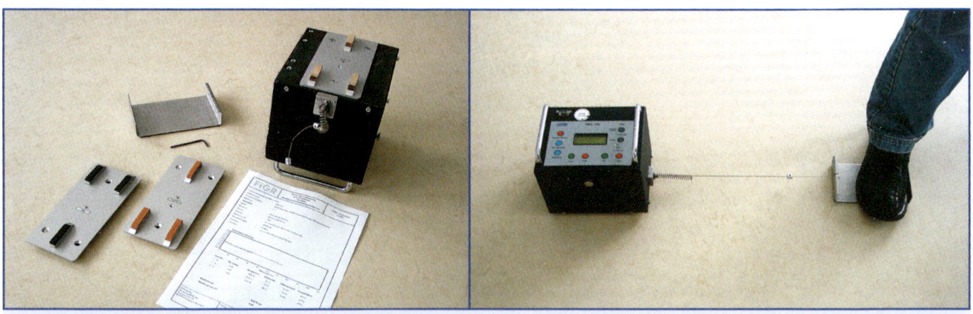

Abb. 1/2: Gleitmessgerät GMG 100 SC (GTE) mit verschiedenen Messgleitern und Messprotokoll

Entsprechend der BGR/GUV-R 181 können die Messergebnisse zur Bestimmung der Rutschhemmung von Bodenbelägen im Betriebszustand nach DIN 51131 (Gleitreibungskoeffizient) nicht direkt mit den Messergebnissen nach DIN 51130 (Neigungswinkel auf der schiefen Ebene) verglichen werden. Der Gleitreibungskoeffizient kann deshalb nicht zur Einordnung in eine R-Gruppe herangezogen werden!

Berufsgenossenschaftliche Richtwerte[1] für die Rutschhemmung von Fußböden im Betriebszustand[2] (nach Beschluss des Fachausschusses Bauliche Einrichtungen vom 11. April 2002):

μ[3]	Bewertung	Bemerkung
> 0,45	Es besteht Rutschhemmung.	Der Bodenbelag verfügt über ein ausreichendes Rutschhemmungspotenzial, sodass auch bei unterschiedlichen Betriebsbedingungen (z. B. Nässe, Reinigung etc.) die Rutschgefahr gering ist. Bei höheren μ-Werten (z. B. μ > 0,8) ist mit einer größeren Stolpergefahr und stärkerer Belastung des Körperbaus (Gelenkverschleiß) zu rechnen. Katasterzeichen: (+)
0,30 bis 0,45	Rutschhemmung besteht, wenn betriebliche Maßnahmen zur Verbesserung der Rutschhemmung und Kontrollmessungen durchgeführt werden.	Das Rutschhemmungspotenzial ist nur für bestimmte Betriebsbedingungen ausreichend. Stellen veränderte Betriebsbedingungen höhere Anforderungen, so besteht Rutschgefahr. Regelmäßige Kontrollmessungen sind erforderlich, um das Ausmaß der Veränderungen festzustellen und die Wirksamkeit von Maßnahmen zur Verbesserung der Rutschhemmung zu überprüfen. Katasterzeichen: (±)
< 0,30	Die Rutschhemmung ist unzureichend.	Auch unter idealen Betriebsbedingungen besteht akute Rutschgefahr. Das Rutschhemmungspotenzial des Bodenbelags ist nicht ausreichend. Katasterzeichen: (–)

1.4 pH-Wert

pH steht als Abkürzung für potentia Hydrogenii, Potenzial der Oxonium-Ionen-Konzentration (früher: Hydronium-Ionen-Konzentration) in einer wässrigen Lösung.

Der pH-Wert wird in einer Skala von 0 bis 14 ausgedrückt:

- pH < 7 (sauer),
- pH = 7 (neutral),
- pH > 7 (alkalisch).

1 In Anlehnung an die „Wuppertaler Grenzwerte für sicheres Gehen“ nach SKIBA.

2 Die Prüfung im Betriebszustand bezieht sich auf den in Benutzung befindlichen Boden, sie stellt keine Baumusterprüfung (Einteilung in eine R-Gruppe) dar.

3 Bestimmung des Gleitreibungskoeffizienten „μ“ gemäß DIN 51131.

Der pH-Wert macht eine Aussage über den Grad der Aggressivität von Säuren oder Alkalien. Stark saure oder stark alkalische Lösungen können – vor allem bei unsachgemäßer Anwendung – zu

- Schäden der Gesundheit,
- Schäden im Abwassersystem,
- Schäden an Werkstoffoberflächen

führen.

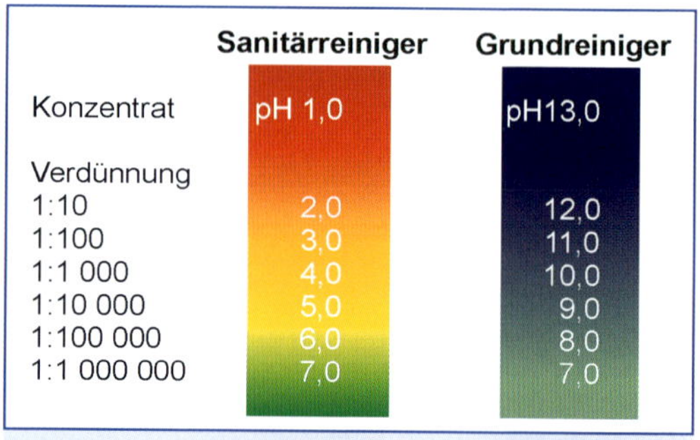

Abb. 1/3: Reduzierung des pH-Werts durch Verdünnung mit Wasser

Abb. 1/4: Möglichkeiten zur Messung/Bestimmung des pH-Werts: pH-Indikatorlösung, elektronisches pH-Messgerät, pH-Indikatorpapier, pH-Indikatorstäbchen

Beispiele von Substanzen	pH-Wert	Beispiele empfindlicher Oberflächen
Konzentrierte Salzsäure, Phosphorsäure	0	PVC-Belag, Klinkerbelag (Farbtonänderung)
WC-Reiniger, Ameisensäure, Sanitärreiniger, Kalklöser	1	
Rostentferner, Essigsäure	2	Zellulosefasern, Baumwolle, Leinen
Zitronensäure, Fruchtsäfte	3-4	Email, verzinkte Metalle, Fugen bei Fliesen
Fruchtsäfte, Mineralwasser	5	Polierte Kalksteine (Marmor, Jura, Solnhofener, Betonwerksteine usw.)
	6	
Wasser, Neutralreiniger	7	Alle wasserbeständigen Werkstoffe sind unempfindlich
	8	
Allzweckreiniger, Seifenreiniger Allzweckreiniger mit Salmiak,	9	Dispersionsfarben, Eiweißfasern (Wolle, Seide), Eloxal, Pflegefilme
Grundreiniger für Linoleum	10	Linoleum
Schmierseife, Grundreiniger für PVC-Beläge	11-12	Lackierte Flächen, Gummiböden, Asphaltbeläge
Küchenreiniger, Industriereiniger,	12-13	Polierte Kalksteinböden, Glas
Grillreiniger, Rohrreiniger	13-14	

Abb. 1/5: Verhalten gegenüber Oberflächen

1.5 Merkmale wichtiger Inhaltsstoffe in Reinigungsmitteln

Wirksubstanz	Aufgaben/Funktionen	Eigenschaften
Wasser	• Einstellung der richtigen Anwendungskonzentration bzw. des pH-Werts • Vorwässerung, um Oberflächen (z. B. Fugen) vor aggressiven Chemikalien (z. B. Säuren) zu schützen • Träger der Inhaltsstoffe von Reinigungs- und Pflegemitteln	• Wassermoleküle sind Dipole, d. h., sie besitzen eine positive und negative Ladung • Wasser ist das wichtigste polare Lösemittel • starke Kohäsionskräfte bewirken, dass Wassermoleküle eine Kugel- bzw. Tropfenform anstreben (Oberflächenspannung); daher ist das Benetzungsvermögen ohne Hilfsmittel stark eingeschränkt • führt zur Quellung und Verwerfung von Holzböden

Wirksubstanz	Aufgaben/Funktionen	Eigenschaften
Wasser (Fortsetzung)	• Transport der Inhaltsstoffe der Behandlungsmittel an die gewünschte Stelle • die zu reinigende Oberfläche und den Schmutz benetzen • den Schmutz umspülen • Schmutz auflösen bzw. in Quellung bringen und von der zu reinigenden Fläche ablösen • Temperaturträger zur Erwärmung bzw. zur Abkühlung des Reinigungsguts • trägt mechanische Energie an die Oberfläche und beschleunigt • Schmutz entfernen (z. B. Hochdruckreiniger) • den Schmutz bis zum Abtransport in Schwebe halten und eine Wiederanhaftung verhindern • Schmutz abtransportieren	• unterstützt die Bildung von Korrosionen bei Metallen • führt zur Verwitterung von Steinfassaden durch Frost oder Umwelteinflüsse, die durch Wasser bzw. Feuchtigkeit aktiviert werden • fördert den Algen- und Moosbewuchs • unterstützt die Bildung von Ausblühungen bei porösen Baustoffen • Auswirkungen der Wasserhärte (verursacht durch gelöste Calcium- und Magnesiumsalze): - Kalkflecken/Kalkschleier - Kalkablagerungen in Sanitärräumen - Bildung von schwer löslicher Kalkseife (= anionische Tenside, z. B. Seife, reagieren mit den Härtebildnern des Wassers) - Effekt von seifenhaltigen Mitteln abhängig von der Wasserhärte - Zuflussleitungen können durch Kalkablagerungen verstopft werden - bei Dampferzeugern bildet sich Kesselstein - Kalkablagerungen in Heißwasser-Sprühextraktionsgeräten, Dampfreinigungsgeräten und Hochdruckreinigern • Härtebereiche (gemäß § 9 WRMG (2007)): - Härtebereich weich bis 1,5 Millimol Calciumcarbonat/Liter - Härtebereich mittel 1,5 bis 2,5 Millimol Calciumcarbonat/Liter - Härtebereich hart über 2,5 Millimol Calciumcarbonat/Liter
Tenside	• emulgieren Öl- und Fettschmutz • emulgieren die Pflegekomponenten bei der Grundreinigung • dispergieren Pigmentschmutz und halten diesen in Schwebe • Benetzungsmittel • dienen bei der Herstellung von Pflegeemulsionen als Emulgatoren	• grenzflächenaktiv • in fast allen Reinigungs- und Pflegemitteln enthalten • bewirken Schaumbildung • emulgieren Öl- und Fettschmutz • setzen die Oberflächenspannung des Wassers herab • verbessern die Netzfähigkeit • verbessern die Kapillarität

Wirksubstanz	Aufgaben/Funktionen	Eigenschaften
Tenside (Fortsetzung)	• kationische und amphotere Tenside können zur desinfizierenden (keimtötenden) Reinigung verwendet werden	• gibt es als: - anionische Tenside mit negativer Ladung - kationische Tenside mit positiver Ladung - amphotere Tenside mit beiden Ladungen (abhängig vom pH-Wert) - nichtionische Tenside ohne Ladung • belasten die Gewässer durch hohe Fischgiftigkeit • Pflegefilme, Dispersionskleber etc. auf Emulsionsbasis neigen zur Reemulgierung, da sie Tenside als Emulgatoren enthalten • unterschiedliche Ladungen müssen beachtet werden
Säuren bzw. säureabspaltende Salze	• entfernen gut Mineralschmutz (Rost, Kalk, Urinstein, Zementschleier etc.) • teilweise Entfernung bzw. Zerstörung von Naturfarbstoffen (Obst- und Getränkeflecken) (z. B. durch schweflige Säure) • wichtige Säuren: - Zitronensäure - Amidosulfonsäure - Methansulfonsäure - Phosphorsäure - Flusssäure - Salzsäure - Essigsäure - Ameisensäure - Oxalsäure - Milchsäure	• beschädigen viele Oberflächen je nach Säure und pH-Wert: - unedle Metalle - kalkgebundene Steine - Zementfugen - Zellulosefasern - farbige Kunststoffoberflächen - Eloxal - Emaille • belasten die Umwelt (sollten vor dem Einleiten in die Kanalisation neutralisiert werden) • Schutzmaßnahmen für Menschen erforderlich
Alkalien bzw. alkalische Salze	• entfernen gut eiweißhaltige Verschmutzungen • verseifen Öle, Fette, Wachse und viele Pflegekomponenten • wirken reinigungsaktiv • wichtige Alkalien: - Natriumhydroxid - Kaliumhydroxid - Natriumcarbonat (Soda) - Kaliumcarbonat (Pottasche) - Ammoniakwasser - organische Amine - Phosphate - Silikate	• beschädigen viele Oberflächen je nach Alkali- und pH-Wert: - Pflegefilme - Linoleum - Elastomerbeläge - polierte Kalksteine - Aluminium, verzinkte Metalle - lackierte Oberflächen - Eloxal - Eiweißfasern - Glas • belasten die Umwelt (sollten vor dem Einleiten in die Kanalisation neutralisiert werden) • Schutzmaßnahmen für Menschen erforderlich

Wirksubstanz	Aufgaben/Funktionen	Eigenschaften
Komplex-bildner bzw. Enthärter	• Inaktivierung der Wasserhärte (Bindung der Calcium- und Magnesium-Ionen) • verhindern die Bildung von Kalkseife und Kalkablagerungen • wirken reinigungsaktiv • wichtige Komplexbildner: - Phosphate - Phosphonate - NTA (Nitrilotriacetat) - EDTA (Ethendiamintetraacetat) - MGDA (Methylglycindiacetat) - GLDA (Glutaminsäurediacetat) - Citrate - Polycarboxylate - Zeolithe (Natrium-Aluminiumsilikat wirkt als Ionenaustauscher)	• insbesondere Citrate oder Phosphate werden als Hauptinhaltsstoff in tensidfreien Reinigern eingesetzt • MGDA und GLDA gelten als starke Komplexbildner und als leicht biologisch abbaubar • Phosphate können in großen Mengen zu einer Eutrophierung (Überdüngung der Gewässer) führen, sofern sie in der Kläranlage nicht durch eine Fällungsstufe eliminiert werden • schwer abbaubare Komplexbildner belasten die Umwelt (z. B. EDTA, Phosphonate) durch Remobilisierung von Schwermetallionen • bei NTA besteht der Verdacht der krebserzeugenden Wirkung
Löse-vermittler	• sorgen dafür, dass Substanzen in wässrigen Lösungen stabil eingearbeitet werden (z. B. Harnstoff)	• belastet die Umwelt nur gering
Organische Lösemittel	• lösen gut alle wasserunlöslichen Verschmutzungen wie Öle, Fette, Wachse, Kunststoffe, Lacke, Klebstoffe, Filzschreiber, alte Pflegemittelreste etc. • wichtige organische Lösemittel: - Alkohol - Aceton - Butylglykol - Diglykolether - Terpentin - Citrusterpene - Xylol - Toluol etc.	• beschädigen viele Oberflächen: - lackierte Oberflächen - elastische Dichtungen - PVC-Beläge - Elastomerbeläge - Asphaltbeläge - Verklebungen - viele Kunststoffoberflächen • belasten die Umwelt • oft feuergefährlich • Dämpfe sind i. d. R. gesundheitsschädlich • Arbeitsplatzgrenzwert (AGW) muss beachtet werden • Schutzmaßnahmen für Menschen erforderlich

Wirksubstanz	Aufgaben/Funktionen	Eigenschaften
Oxidations-mittel	• geben Sauerstoff ab • wirken desinfizierend • dienen zur Fleckentfernung durch Bleichen (z. B. Zerstörung der Naturfarbstoffe von Obst- und Getränkeflecken) • wichtige Oxidationsmittel: - Wasserstoffperoxid - Natriumperborat - Natriumpercarbonat - Peressigsäure - Natriumhypochlorit	• zerstören viele Materialoberflächen: - korrodieren unedle Metalle - zerstören Naturfarbstoffe • brandfördernd • belasten zum Teil die Umwelt • Schutzmaßnahmen für Menschen erforderlich
Reduktions-mittel	• nehmen Sauerstoff auf • dienen zur Fleckentfernung; zerstören Naturfarbstoffe (Obst- und Fruchtsaftflecken) • wichtige Reduktionsmittel: - Oxalsäure - schweflige Säure - Natriumdithionit	• zerstören viele Materialoberflächen: - zerstören viele natürliche und synthetische Farbstoffe • belasten zum Teil die Umwelt • Schutzmaßnahmen für Menschen erforderlich
Enzyme	• benötigen oft lange Einwirkzeiten • Biokatalysatoren, die hochmolekulare Substanzen wie Eiweiße, Kohlenhydrate, Naturfarbstoffe abbauen und in einen wasserlöslichen Zustand überführen	• bei Gefahr von Inhalation und Hautkontakt sind Schutzmaßnahmen für den Menschen erforderlich • keine Umweltbelastung
Korrosions-inhibitoren	• hemmen die Korrosion von Metallen	
Abrasivstoffe	• gemahlene Mineralkörper z. B. Korund, Tonerde, Quarz, Bims, Kreide, die den Reinigungsvorgang mechanisch unterstützen	• können Oberflächen zerkratzen • keine Umweltbelastung
Mikro-organismen (spezielle Bakterien)	• zersetzen bestimmte organische Substanzen (z. B. Geruchsbildner, Öle, Fette, Eiweiße)	• Auswirkung auf die Gesundheit nicht ausreichend erforscht; Inhalation und Hautkontakt vermeiden • keine Umweltbelastung

2 Behandlungsmittel

2.1 Allgemeine Grundlagen

Behandlungsmittel werden zur Unterstützung der mechanischen Reinigung mit Tüchern, Schwämmen, Maschinen und anderen Geräten eingesetzt. Behandlungsmittel werden unterschieden in Reinigungs- und Pflegemittel sowie Kombinationsprodukte. Reinigungsmittel sollen den Schmutz ablösen und in der Schwebe halten, sodass der Schmutz von der Oberfläche abtransportiert werden kann. Pflegemittel sollen pflegende Rückstände auf der Oberfläche zurücklassen, um den Wert zu erhalten. Kombinationsprodukte sollen in einem Arbeitsgang reinigen und pflegen. Dies führt in der Praxis häufig zu einer Vergrauung der Oberflächen und zu keinem optimalen Reinigungs- bzw. Pflegeergebnis.

Kriterien für die Auswahl sind z. B.:

Verhalten bei der Verarbeitung	Verhalten gegenüber der Umwelt
• Ergiebigkeit • Geruch (nicht gesundheitsgefährdend) • Art der Gebinde bzw. Verpackung • Dosiermöglichkeit • Platzbedarf bei der Lagerung • Verhalten beim Auflösen oder Verdünnen • Schutzmaßnahmen	• biologische Abbaubarkeit der Inhaltsstoffe • Entsorgung von Produktresten • Entsorgung von Verpackungsabfall • Sind wassergefährdende Stoffe enthalten? • Ist eine Luftverunreinigung möglich?
Verhalten gegenüber der zu bearbeitenden Oberfläche	**Von Pflegemitteln wird zusätzlich bei der Verarbeitung erwartet, dass sie**
• Aggressivität (Schäden an der Oberfläche und/oder Nebenbauteilen möglich) • optisches Bild nach der Reinigung (Streifenbildung, Glanz, Klartrocknung); Voraussetzung zur Beurteilung dieses Kriteriums ist die richtige Dosierung des Produkts • Wiederanschmutzungsverhalten • Einsatz des Produkts auf möglichst vielen Oberflächenmaterialien	• leicht aufzutragen sind (ohne großen Geräteaufwand, geringe Anforderungen an das Personal) • einen guten Verlauf haben • günstige Trocknungszeiten (z. B. Nachbesserungsarbeiten möglich; wieder schnelle Benutzung etc.) haben • eine gute Benetzung aufweisen

2.2 Dosierung

Die Einhaltung der vom Hersteller angegebenen Anwendungskonzentrationen ist entscheidend für ein optimales Ergebnis, auch im Hinblick auf die Oberflächenverträglichkeit, den Arbeits- und Umweltschutz sowie die Wirtschaftlichkeit.

Fehldosierungen führen zu:

- einer erheblichen Belastung des Abwassers und der Oberflächengewässer,
- einer eingeschränkten Gebrauchstauglichkeit (z. B. durch Glätte, Klebrigkeit, Wischspuren, Geruchsbelästigung),
- möglichen Schäden bei zu waschenden oder zu reinigenden Gegenständen,
- gesundheitlichen Gefahren (Einatmen von Dämpfen, Allergien),
- einer langsameren Trocknung von nassgereinigten Flächen (Erhöhung der Unfallgefahr),
- erheblichen Mehrkosten,
- einem eingeschränkten Behandlungserfolg von Reinigungs- und Desinfektionsmitteln.

Unterschiedliche Dosiersysteme

- Flaschen- oder Kanisterschraubkappen,
- Messbecher,
- Dosierpumpen,
- Portionsbeutel,
- Tabletten,
- Dosierflaschen,
- Dosiercomputer,
- Mischanlagen,
- On-board-Systeme,
- Sprühflaschen.

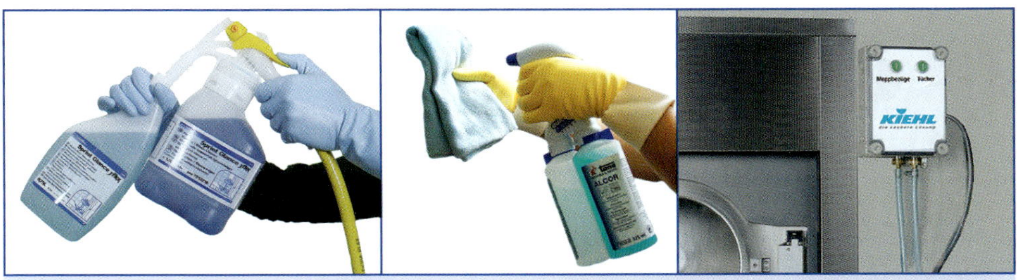

Abb. 2/1: Einweg-Dosierflasche zum Anschluss an die Wasserleitung (Quelle: Diversey); Sprühflasche mit integriertem Dosiersystem (Quelle: Tana); mengenprogrammierbares Dosiergerät (Quelle: Kiehl)

Merkmale der einzelnen Dosiersysteme	
Schussmethode	• veraltet und ungeeignet • leider bei ungenügender Schulung und Unterweisung immer noch häufig praktiziert
Flaschen und Kanisterschrauben	• kostengünstig und unabhängig von Gebrauchsmenge • schlechte Handhabung • Hautkontakt möglich • Gefahr der Fehldosierung • Leergutbeseitigung und Lagerung problematisch
Sprühflaschen	• kostengünstig und unabhängig von Gebrauchsmenge • erlaubt rationelle Arbeitsweise bei der Unterhaltsreinigung mit der 16-Seiten-Tuch-Faltmethode • bei speziellen Mischsprühflaschen im Zwei-Komponenten-System ist keine Manipulation der Dosierung möglich
Messbecher	• kostengünstig und unabhängig von Gebrauchsmenge • leichtere Dosierung gegenüber Flaschen- und Kanisterschraubkappen • schlechte Handhabung • Gefahr der Fehldosierung, Lagerung und Leergutbeseitigung problematisch
Dosierpumpen	• kostengünstig • kein Hautkontakt mit Reinigungsmittel • Auf- und Abschrauben der Kanister erforderlich • abhängig von Gebrauchsmenge • Leergutbeseitigung und Lagerung problematisch • Gefahr der Fehldosierung durch eingeschränkte Funktionsfähigkeit der Pumpen
Tabletten	• leichte Handhabung • genaue Dosierung • kein Problem bei Leergutbeseitigung • Dosierung an Wassermenge gebunden • lange Auflösezeit
Portionsbeutel	• teuer • genaue Portionierung für jeweilige Reinigungskraft möglich • genaue Dosierung einer Gebrauchsmenge • kein Problem bei Leergutbeseitigung • beim Öffnen Hautkontakt mit Reinigungsmittel möglich • Dosierung an Wassermenge gebunden

Merkmale der einzelnen Dosiersysteme	
Dosierflaschen mit integrierter Dosierkammer	• genaue Dosierung und leichte Handhabung • Raumersparnis, besonders, wenn Hochkonzentrate eingesetzt werden • erhöhter Leergutanfall • Dosierung an Wassermenge gebunden
Mischanlage	• Mischung nicht personalabhängig • fixierte Konzentration • einfache Handhabung • Leergutbeseitigung unproblematisch • Installation erforderlich
On-board-Systeme für Scheuersaugmaschinen	• Dosiersystem ist in der Scheuersaugmaschine integriert (Frischwassertank wird nur mit klarem Wasser befüllt) • kostengünstig und unabhängig von Gebrauchsmenge • erlaubt rationelle Arbeitsweise, da keine Reinigungsflotte mehr angesetzt werden muss

2.3 Produkte zur Reinigung von Ausstattung und Einrichtung sowie Spezialreiniger

Allzweckreiniger/Alkoholreiniger

Sie sind die wichtigsten Produkttypen zur Reinigung von Ausstattung und Einrichtung.

Vgl. Kapitel 2.5 Produkte zur Unterhaltsreinigung und -pflege von nichttextilen Fußböden.

Tensidfreie Reiniger auf Komplexbildnerbasis

Sie enthalten z. B. Phosphate, Citrate, GLDA oder MGDA. Manchmal werden zusätzliche Alkalien als Reinigungsverstärker und Konservierungsmittel hinzugegeben. Sie werden eingesetzt zur Unterhaltsreinigung, Teppichreinigung sowie zur Reinigung von Akustikdecken etc.

Vgl. Kapitel 2.5 Produkte zur Unterhaltsreinigung und -pflege von nichttextilen Fußböden.

Möbelpflegemittel

Im Handel sind diese als Wachslösung oder Wachsemulsion erhältlich. Bei versiegeltem Mobiliar ist ein Möbelpflegemittel nutzlos. Nur bei offenporigen Holzoberflächen ist eine Verwendung spezieller Möbelpflegemittel überhaupt notwendig. Die hierfür angebotenen Wachslösungen sind aufgrund des hohen Lösemittelanteils gesundheitsgefährdend und umweltbelastend.

Alle Möbelpflegemittel erzeugen einen Schutzfilm. Möbelpflegemittel mit hohem Wachsanteil können auspoliert werden. Das Wachs dringt in das Holz ein, sodass keine Verkrustungen entstehen können. Bei Möbelpflegemitteln, die einen hohen Kunststoffanteil enthalten, besteht je nach Art der Oberflächenbeschaffenheit die Gefahr der Verkrustung. Verkrustungen können nur durch Lösemittel bzw. lösemittelhaltige Behandlungsmittel wieder entfernt werden.

Möbelpflegemittel werden dünn auf die Fläche in Holzfaserrichtung aufgetragen (oder dünn aufgesprüht). Mit einem weichen Tuch wird in Holzfaserrichtung auspoliert. Selbstglänzende Emulsionen kann man dünn mit Lappen in kreisenden Bewegungen auftragen; ein Auspolieren ist nicht erforderlich.

Metallpolish-Reiniger

Sie sind i. d. R. neutrale Erzeugnisse mit kombinierter Reinigungs- und Pflegewirkung. Sie enthalten:

- Pflegekomponenten (Hartwachse, Öle),
- Tenside,
- organische Lösemittel,
- Schleif- und Polierkörper (Kreide bzw. Marmormehl, Bimsmehl, Quarzmehl, Tonerde).

Die Schleif- bzw. Polierkörper des Metallreinigers müssen auf die zu reinigende Fläche abgestimmt sein. Diese Mittel sind nicht geeignet für brünierte, mattierte, phosphatierte, schwarzgebrannte und zaponierte (mit Klarlack beschichtete) Metalloberflächen. Speziell bei lackierten Flächen dürfen nur sehr feine, weiche Polierkörper (z. B. Schlämmkreide) verwendet werden.

Die Anwendung erfolgt im Konzentrat; anschließend ist i. d. R. ein Auspolieren mit weichen Reinigungstextilien erforderlich. Besonders geeignet sind diese Produkttypen z. B. für Edelstahlspülen.

2.4 Produkte zur Sanitärreinigung

Kalklösende Sanitärreiniger

Saure Sanitärreiniger sind Reiniger mit Säureanteil, die einen pH-Wert von meist < 4 aufweisen.

Saure Sanitärreiniger enthalten:

- Säuren oder säureabspaltende Substanzen,
- Inhibitoren (sollen die Korrosionsbildung verhindern),

- im sauren Bereich wirksame Tenside (zur Emulgierung von Öl- und Fettschmutz),
- Duftstoffe,
- evtl. in geringen Mengen wassermischbare Lösemittel,
- Verdickungsmittel (zur Verbesserung der Standzeit und Einwirkzeit bei senkrechten Flächen).

Diese Reinigungsmittel beseitigen:

- Kalkrückstände,
- Kalkseifen,
- Zementschleier,
- Urin- und Wasserstein,
- Rostablagerungen,
- leichte Fettverschmutzungen (durch den Tensidanteil).

Sie eignen sich für alle säurebeständigen Materialien wie z. B.:

- Keramikfliesen,
- Glas,
- Porzellan etc.

Als wirksame Säuren bzw. säureabspaltende Produkte enthalten diese Sanitärreiniger oft:

- Zitronensäure,
- Amidosulfonsäure,
- Methansulfonsäure,
- Phosphorsäure,
- Essigsäure (nicht empfehlenswert),
- Ameisensäure (nicht empfehlenswert),
- Salzsäure (nicht empfehlenswert).

Flüssige WC-Reiniger

Diese Reiniger werden für die Reinigung von WC-Becken und Urinalen verwendet.

Sie sind ähnlich wie Sanitärreiniger aufgebaut und enthalten:

- Säuren (z. B. Phosphorsäure, Salzsäure, Amidosulfonsäure etc.),
- Tenside,

- Verdickungsmittel,
- Duftstoffe.

WC-Reiniger sollen rasch und gründlich Urinstein und Kalkablagerungen sowie sonstige Schmutzarten entfernen.

Pulverförmige WC-Reiniger

Hier gibt es zwei Typen: carbonatfreies und carbonathaltiges WC-Reinigungspulver.

Carbonatfreie Produkte enthalten meist Natriumhydrogensulfat als Wirksubstanz. Diese Chemikalie spaltet in Verbindung mit Wasser langsam Schwefelsäure ab.

Carbonathaltige Produkte bestehen aus dem Säure abspaltenden Salz Natriumhydrogensulfat und aus einem Zusatz von Natriumcarbonat sowie Tensiden. In wässriger Lösung vertreibt die frei werdende Schwefelsäure aus dem Natriumcarbonat die schwache Kohlensäure, die gasförmig entweicht. Der Show-Effekt ist gekennzeichnet durch ein starkes Sprudeln bzw. Aufschäumen des Pulvers im WC-Becken. Ein Teil der Schwefelsäure wird bei dieser chemischen Reaktion verbraucht. Das Abwasser wird unnötig durch das Natriumcarbonat, welches keine Reinigungsaktivität hat, und durch einen Teil des Natriumhydrogensulfats (dies hat nur eine kalklösende Wirkung) belastet. Umweltbewusste Einkäufer sollten deshalb flüssige WC-Reiniger bevorzugen und keine pulverförmigen WC-Reiniger beschaffen, die Carbonate enthalten. Bei flüssigen Produkten ist die Erzeugung des starken Sprudeleffekts nicht möglich.

Abflussreiniger (Rohrreiniger)

Diese pulverförmigen Produkte bestehen überwiegend aus Natriumhydroxid, welches beim Auflösen mit Wasser hochkonzentrierte Natronlauge bildet. Zusätzlich können Rohrreiniger Aluminiumgranulat enthalten, das in alkalischer Lösung unter Bildung von gasförmigem Wasserstoff reagiert. Die Gasentwicklung bewirkt eine Auflockerung des Schmutzes. In bestimmten Mischungsverhältnissen kann sich dieses Gas mit Luft entzünden, deshalb werden zusätzlich Nitrate eingesetzt, die den frei werdenden Wasserstoff in Ammoniak umwandeln. Bei der chemischen Reaktion entsteht sehr viel Wärme, sodass sich Kunststoffsiphons verformen können. Das enthaltene Aluminiumgranulat kann an den Rohrwänden, insbesondere im Siphon, Ablagerungen bilden und somit eine nachfolgende Rohrverstopfung begünstigen.

Flüssige Rohrreiniger enthalten neben dem Natriumhydroxid meist noch Chlorbleichlauge und Tenside. Rohrreiniger gehören zu den aggressivsten und gefährlichsten Chemikalien. Den Einsatz solcher Mittel kann man kaum rechtfertigen, zumal es einige Alternativen gibt, um Rohre schonend für Gesundheit, Umwelt und Material von Verstopfungen zu befreien. Hierzu empfiehlt sich z. B. das Abschrauben und Reinigen des Siphons, der Einsatz eines Nasssaugers, die Anwendung einer Saugglocke, einer Spirale oder der Einsatz von Hochdruckreinigern mit speziellen Rohrreinigungsdüsen. Druckluft eignet sich nur, wenn keine Gefahr besteht, dass sich Rohrverbindungen aufgrund des hohen Drucks lösen können.

Graffiti-Entferner

Um Schmierereien im Sanitärbereich zu beseitigen, benötigt man Spezialprodukte. Empfehlenswert sind spezielle Graffiti-Entferner bzw. Strichentferner oder Schreibtischreiniger auf der Basis von Diglykolether, vergleichbar mit Produkten, wie sie auch zur Fleckentfernung bei Textilien eingesetzt werden.

Chlorhaltige Sanitärreiniger

Diese Produktgruppe, die Aktivchlor abspaltet, ist ökologisch gesehen sehr bedenklich. Chlorhaltige Sanitärreiniger enthalten meist:

- Natriumhypochlorit (bei Flüssigprodukten),
- Chloramin T (bei einigen Scheuermitteln als Zusatz enthalten).

Chlorhaltige Sanitärreiniger lösen keinen Kalk, verseifen aber Öl- und Fettschmutz. Bei Kontakt mit sauren Reinigern entsteht giftiges Chlorgas. Sie wirken desinfizierend und entfernen Schimmelpilz. Aus Chlorverbindungen können zusammen mit Kohlenwasserstoffen Chlorkohlenwasserstoffe entstehen (Abwasserbelastung, Trinkwassergefährdung)!

Der Einsatz von chlorhaltigen Sanitärreinigern ist nur zur Entfernung von Schimmelpilz (z. B. Aspergillus niger) empfehlenswert. Selbstverständlich sind bei der Anwendung saure Mittel fernzuhalten. Eine langfristige Abhilfe der Schimmelpilzbildung auf elastischen Fugendichtungen kann nur durch Entfernung der mit Schimmelpilz befallenen Fugenmasse und neuem Ausfugen (mit fungizid-ausgerüstetem Fugenmaterial) geschaffen werden, denn oft sitzt dieser Pilz schon tief im Innern der Fugenmasse.

Alternativ zu den chlorhaltigen Behandlungsmitteln eignen sich Sauerstoffabspalter (z. B. auf Wasserstoffperoxidbasis) zur Schimmelpilzbekämpfung.

Desinfektionsreiniger

Der Einsatz dieser Produkttypen ist nur für hygienesensible Bereiche empfehlenswert wie z. B. öffentliche Bäder, Toiletten in Krankenhäusern oder Alten- und Pflegeheimen.

Desodorierungsmittel (Deodorierungsmittel)

Man unterscheidet Geruchsüberdecker und Geruchszerstörer. Raumsprays bzw. Geruchsüberdecker sollten nur in Ausnahmefällen eingesetzt werden, wenn keine ausreichende Lüftungsmöglichkeit besteht. Beckensteine sollten nicht verwendet werden, da sie nur zu einer unnötigen Umweltbelastung führen. Grundsätzlich sollte bei störenden Gerüchen die Ursache (nicht nur die Auswirkung) bekämpft werden, hierzu eignen sich insbesondere:

- Oxidationsmittel (zerstören Gerüche und haben zugleich eine bleichende Wirkung, z.B. bei Fugen im Sanitärbereich),
- Präparate auf Basis von Bakterien (sollten direkt auf den Geruchsherd gesprüht werden),
- Präparate auf Basis von Cyclodextrinen (Geruchsmoleküle werden umschlossen).

Weitere Produkte, die in der Sanitärreinigung eingesetzt werden sind Allzweckreiniger und Alkoholreiniger.

Vgl. Kapitel 2.5 Produkte zur Unterhaltsreinigung und -pflege von nichttextilen Fußböden.

Hinweise für den Umgang mit sauren Sanitärreinigern:

- Zur Verhinderung von Schäden an Fugen sollte man die zu reinigenden Flächen vorher mit klarem Wasser gut benetzen (Vorwässern).
- Richtige Dosierung.
- Kein warmes oder gar heißes Wasser verwenden.
- Manche Säuren (z.B. Amidosulfonsäure) greifen nur die Oberfläche der Verkalkung an, deshalb erfolgt die Entfernung schichtenweise durch zusätzliches Scheuern.
- Gut mit klarem Wasser nachspülen.
- Unfallverhütungsvorschriften beachten.
- Bei Zugabe in WC-Becken nicht sofort nachspülen, diese Produkte benötigen eine Einwirkzeit.

Maßnahmen zur Arbeitssicherheit:

- Die Schutzmaßnahmen für ätzende Chemikalien sollten beim Arbeiten mit Sanitärreinigern eingehalten werden.
- Schutzhandschuhe tragen, evtl. Schutzbrille (beim Dosieren oder Arbeiten über Kopf).
- Unfallverhütungsvorschriften beachten.
- Saure Reiniger niemals mit chlorhaltigen Reinigern verwenden (giftiges Chlorgas entsteht).
- Allgemein gilt: Reinigungsmittel niemals mischen!

2.5 Produkte zur Unterhaltsreinigung und -pflege von nichttextilen Fußböden

Alkoholreiniger

- enthalten < 5 % Tenside, ca. 20 bis 30 % Isopropanol oder Ethanol, Komplexbildner, Duft- und Farbstoffe,
- Anwendung in der Verdünnung 1:200 bis 1:400,
- meist pH-neutral,
- für alle glänzenden Flächen (polierte Steine, glasierte Fliesen etc.) geeignet,
- für fast alle wasserbeständigen Oberflächen geeignet,
- trocknen streifenfrei auf,
- Natursteine dunkeln nicht nach,
- wenig umweltbelastend,
- haben keine desinfizierende Wirkung,
- kein heißes Wasser verwenden,
- bei zu hoher Anwendungskonzentration können Pflegefilme von Selbstglanzdispersionen angegriffen werden,
- ökologisch und ökonomisch empfehlenswert.

Allzweckreiniger (Allesreiniger, Universalreiniger, Vielzweckreiniger, bei ~ pH 7 Neutralreiniger)

- enthalten ca. 12 bis 15 % Tenside, Komplexbildner, Duft- und Farbstoffe, Konservierungsmittel, evtl. Ammoniumhydroxid (Salmiakgeist),
- Anwendung in Verdünnung meist 1:100 bis 1:200,
- pH-Wert 6 bis 10,
- beseitigen Öl- und Fettschmutz, Getränkeflecken, Straßenschmutz,
- bessere Reinigungswirkung gegen Öl- und Fettschmutz als Alkoholreiniger,
- Oberflächen (z. B. Zementfugen) dunkeln leicht nach,
- ökologisch und ökonomisch empfehlenswert.

Ultra- bzw. Multinetzer

- ähnliche Zusammensetzung wie Allzweckreiniger,
- hervorragende Benetzung,
- meist schwach alkalisch,

- verursachen keine Wischspuren,
- sind besonders gut geeignet für stark hydrophobe Böden (z. B. Polyurethanbeläge) und glänzende Oberflächen.

Automatenreiniger

- Zusammensetzung wie Allzweckreiniger, aber schaumarm eingestellt,
- kommen bei der Reinigung mit Scheuersaugmaschinen (Automaten) zum Einsatz.

Tensidfreie Reiniger (Komplexbildnerbasis)

- enthalten meist Phosphate oder Citrate, evtl. zusätzliche Alkalien, Konservierungsmittel und evtl. Duftstoffe,
- sehr gute Reinigungswirkung,
- keine Begünstigung der Wiederanschmutzung,
- kein gutes Benetzungsvermögen,
- keine Verbesserung der Kapillarität,
- ideal zum Einsatz in Maschinen,
- ideal in Verbindung mit Mikrofasererzeugnissen,
- verstärkte Wirkung mit heißem Wasser,
- insbesondere geeignet für
  - Feinsteinzeugfliesen mit mikroporöser Oberfläche,
  - feinstrukturierte Oberflächen (z. B. mit „Lotus-Effekt“),
  - Edelstahlflächen,
- ökologisch und ökonomisch empfehlenswert.

Seifenreiniger

- enthalten synthetische Tenside und Seifen,
- reinigende und pflegende Wirkung,
- hinterlassen polierfähige Rückstände aus Kalkseifen, Fettsäuren und Tensiden,
- Rückstände sind auf Seidenglanz auspolierbar,
- Rückstände lassen sich ohne aufwändige Grundreinigung entfernen,
- ergeben trittsicheren Pflegefilm,
- Oberflächen und Fugen dunkeln leicht nach,
- wirken antistatisch bzw. schränken die Leitfähigkeit des Belags nicht ein,
- Wirkung ist von der Wasserhärte abhängig.

Wischpflege mit wasserlöslichen Polymeren

- enthalten wasserlösliche Polymere, wasserlösliche Lösemittel, Tenside, Komplexbildner, Duft- und Farbstoffe,
- relativ gute Reinigungswirkung,
- Wirkung wenig abhängig von der Wasserhärte,
- Pflegefilm ist auspolierbar,
- kein Schichtenaufbau bei richtiger Anwendung,
- keine Grundreinigung erforderlich,
- trittsicherer Pflegefilm,
- ökologisch und ökonomisch empfehlenswert.

Wachshaltige Wischpflegemittel

- enthalten Wachse und Emulgatoren,
- guter Pflegeeffekt, aber geringe Reinigungswirkung,
- trocknen mit Selbstglanz auf,
- z. T. eingeschränkte Begehsicherheit,
- Pflegefilme lassen sich auspolieren,
- es entstehen Gehspuren (auspolierbar),
- reemulgiert schnell in Verbindung mit Wasser,
- Krustenaufbau (Schmutz wird in Pflegefilm eingelagert),
- Grundreinigung erforderlich,
- ökonomisch und ökologisch nicht empfehlenswert.

Wischpflege mit wasserunlöslichen Polymeren

- sind ähnlich aufgebaut wie Polymerdispersionen als Beschichtungsmittel,
- sehr guter Pflegeeffekt und sehr geringe Reinigungswirkung,
- trocknet mit Selbstglanz auf,
- widerstandsfähig gegenüber Gehspuren,
- Pflegefilme lassen sich nur mit Spezialmaschinen (High-Speed-Maschinen) auspolieren,
- Krustenaufbau (Schmutz wird in Pflegefilm eingelagert),
- sehr aufwändige und umweltbelastende Grundreinigung erforderlich,
- ökonomisch und ökologisch nicht empfehlenswert.

Wachscleaner

Cleanermittel finden Verwendung im Sprayverfahren (Sprühverfahren) in Verbindung mit einer geeigneten Scheibenmaschine zur Beseitigung von Gehspuren und insbesondere Absatzstrichen bei gleichzeitiger Pflegefilmsanierung. Es gibt Wachscleaner

- auf Emulsionsbasis (Emulsionscleaner):
  - enthalten Wachse, Wasser, Emulgatoren evtl. Lösemittel,
  - Einsatz bei Belägen, die mit einer Selbstglanzdispersion beschichtet sind,
- auf Lösemittelbasis (Lösemittelcleaner):
  - enthalten Wachse und Lösemittel (z. B. Benzin),
  - Einsatz für unversiegelte Holzböden.

2.6 Produkte zur Grundreinigung und Einpflege von nichttextilen Fußböden

Grundreiniger für PVC-Beläge

- pH meist ≥ 12,
- Anwendungskonzentration 1:3 bis 1:10; in hartnäckigen Fällen auch als Konzentrat,
- i. d. R. als Gefahrstoff eingestuft,
- Anwendung führt zu Raumluftbelastung,
- Arbeitsplatzgrenzwerte (AGW) sind zu beachten,
- können aufgrund hoher Alkalität Linoleumbeläge schädigen (Gelbbraunfärbung; so genannte Verseifung),
- enthalten in hoher Konzentration Tenside, Alkalien (meist Natronlauge und organische Amine), Komplexbildner und wassermischbare Lösemittel (i. d. R. Butyldiglykol).

Grundreiniger für Linoleum/Universalgrundreiniger

- Konzentrat hat i. d. R. pH-Wert ≤ 10,
- geringere Alkalität als Grundreiniger für PVC-Beläge,
- Kompensation der Alkalität durch hohen Lösemittelanteil,
- ansonsten Zusammensetzung und Umweltproblematik wie bei PVC-Grundreinigern.

Parkettgrundreiniger

- reine Lösemittelgemische aus aliphatischen (z. B. Benzin, Terpentin etc.) und/oder aromatischen (z. B. Xylol, Toluol) Lösemitteln (möglichst Parkettgrundreiniger einsetzen, die frei von Aromaten sind),
- Anwendung führt zu hoher Raumluftbelastung,

- Arbeitsplatzgrenzwerte (AGW) sind zu beachten,
- als Gefahrstoff eingestuft,
- erhebliche Umweltbelastung,
- alternativ können alte Pflegefilme/Wachsschichten mechanisch (Abspänen, grobe Pads, Stahlwolle etc.) abgetragen werden.

Selbstglanzdispersion

Sie gibt es als Wachsemulsionen, Gemische aus Wachsen und Polymeren (Kunststoffen) und als reine Polymerdispersionen. Je höher der Kunststoffanteil, desto wasserbeständiger und strapazierfähiger ist der Pflegefilm; je höher der Wachsanteil, desto besser sind die Polierfähigkeit und die Entfernbarkeit der Pflegesubstanzen, allerdings kommt es bei einem hohen Wachsanteil eher zur Einlagerung von Verschmutzungen.

- Wachsemulsionen:
  - enthalten Wachse, Tenside als Emulgatoren, Wasser und Konservierungsmittel,
  - Anwendung erfolgt unverdünnt,
  - in verdünntem Zustand auch als Wischpflege verwendbar,
  - ergeben weiche Pflegefilme,
  - Pflegefilme sind leicht polierfähig (mit normalen Einscheibenmaschinen),
  - Gehspuren sichtbar,
  - wenig schmutzabweisende Wirkung,
  - Schmutz kann sich in den Pflegefilm einbetten,
  - häufig Probleme mit der Trittsicherheit,
  - im Gegensatz zu Polymerdispersionen leichter entfernbar,
  - relativ geringe Wischbeständigkeit,
  - Entfernung durch Grundreinigung ist umweltbelastend und kostenintensiv,
  - Pflegefilmsanierung im Cleanerverfahren leicht durchführbar.
- Polymerdispersion:
  - enthalten Polymere, Tenside als Emulgatoren bzw. Dispergiermittel, Wasser, Konservierungsmittel sowie bei metallvernetzten Produkten Metallionen (meist das Schwermetall Zink),
  - metallfreie Polymerdispersionen sollten bevorzugt werden,
  - ergeben harte bis sehr harte Pflegefilme,
  - Pflegefilme sind mit normalen Einscheibenmaschinen nicht polierbar, können aber mit Super-High-Speed-Maschinen (> 750 U/min) oder leistungsfähigen High-Speed-Maschinen (Drehzahl > 400 U/min und hohes Drehmoment) poliert werden,

- Pflegefilme können mit leistungsfähigen Bodenreinigungsmaschinen (hohes Drehmoment, hoher Flächendruck, ausreichende Drehzahl, Absaugung etc.) saniert werden,
- Pflegefilme sind strapazierfähig gegen Gehspuren,
- gute schmutzabweisende Wirkung,
- relativ wenig Probleme mit der Trittsicherheit,
- im Gegensatz zu Wachsemulsionen sind Pflegefilme schwerer entfernbar,
- relativ gute Wischbeständigkeit,
- Entfernung durch Grundreinigung ist umweltbelastend und kostenintensiv,
- trockene Pflegefilmsanierung problemlos durchführbar,
- Reduzierung der Reinigungskosten durch verbessertes Gleitverhalten beim Wischen und Verzicht auf Pflegekomponenten (Wischpflegen) bei der Unterhaltsreinigung,
- ökologisch und ökonomisch empfehlenswert.

Polyurethanversiegelung

Polyurethanversiegelungen (PU-/PUR-Versiegelung) zum nachträglichen Auftrag sind vergleichbar mit den Eigenschaften einer werkseitig aufgebrachten PUR-Vergütung, haben aber eine höhere Schichtdicke (ca. 35 bis 40 µm bei zweifachem Auftrag) und somit eine bessere Strapazierfähigkeit. Im Vergleich zu werkseitigen PUR-Vergütungen ist bei einer PUR-Versiegelung zum nachträglichen Auftrag, aufgrund der höheren Schichtdicke, eine partielle Sanierung meist möglich. In diesem Fall sollte aber fliesen- bzw. bahnenweise nachversiegelt werden, sodass die Ansatzstellen nicht auffallen.

- Anwendbar auf allen nichttextilen Bodenbelägen, außer auf Polyolefinbelägen,
- besondere Sorgfalt bei der Vorbereitung (Grundreinigung) und Applikation erforderlich,
- auch farbige Versiegelungen sind möglich, die Nutzschicht sollte aber grundsätzlich transparent ausgeführt sein,
- für besondere Anforderungen lässt sich die Trittsicherheit durch Additive (Glasperlen, Keramikpartikel etc.) erhöhen.

Parkettpflegemittel

Sie gibt es als:

- Öle (trocknende Öle, z. B. Leinöl zum Nachölen ölimprägnierter Holzböden),
- Heißwachse (oft als Warmwachse bezeichnet),
- Hartwachslösung (ähnlich wie Lösemittelcleaner),
- Wachsemulsionen (ähnlich Wachscleaner).

Für Wachsemulsionen und Hartwachslösungen ist eine Anwendung im Cleanerverfahren empfehlenswert.

Vgl. Kapitel 2.5 Produkte zur Unterhaltsreinigung und -pflege von nichttextilen Fußböden.

2.7 Produkte zur Behandlung von textilen Fußböden

Tensidfreie Reiniger auf Komplexbildnerbasis

Sie basieren auf Komplexbildnern (Phosphate, Citrate). Sie eignen sich hervorragend zur Zwischen- und Grundreinigung sowie zur Fleckentfernung von textilen Belägen. Tensidfreie Reiniger führen zu keiner Schaumbildung und eignen sich deshalb neben der Faser-/Garnpad-Methode besonders gut zur Sprühextraktion. Sie begünstigen keine rasche Wiederanschmutzung. Schmutzabweisende Imprägnierungen werden in ihrer Wirkung nicht beeinträchtigt.

Bei textilen Belägen aus Eiweißfasern (Wolle, Seide) sollten keine Produkte auf Phosphatbasis eingesetzt werden, Reiniger auf Citratbasis sind dagegen geeignet. Produkte auf Phosphatbasis können aufgrund ihrer Alkalität zum Ausbluten von Farben führen.

Fleckentfernungsmittel

Vor jeder Behandlung mit einem Fleckentfernungsmittel sollten unbekannte Flecken zuerst mit klarem Wasser – bzw. unter Zuhilfenahme eines tensidfreien Reinigers auf Komplexbildnerbasis – behandelt werden (ca. 90 % aller Flecken sind wasserlöslich!). Erst wenn dies zu keinem Erfolg führt, ist der Einsatz von Fleckentfernungsmitteln empfehlenswert. Man unterscheidet Produkte auf Lösemittelbasis, Tensidbasis, Komplexbildnerbasis bzw. Kombinationsprodukte mit Lösemitteln und Tensiden sowie Spezialprodukte (mit Enzymen, Oxidations- oder Reduktionsmitteln). Grundsätzlich sollten tensidhaltige Mittel vermieden werden, insbesondere wenn nicht gründlich mit klarem Wasser (z. B. durch Sprühextraktion) nachgespült werden kann, da die im Teppich zurückbleibenden Tensidrückstände i. d. R. zu einer raschen Wiederanschmutzung führen.

Bei der Anwendung aller Fleckentfernungsmittel muss beachtet werden, dass die zu reinigende Oberfläche vorab auf Farbechtheit geprüft wird und nach der Fleckbehandlung gründlich mit klarem Wasser nachgespült wird.

- Produkte auf Lösemittelbasis
  - sind geeignet für lösemittelentfernbare Flecken wie z. B. Bitumen, Filzschreiberverschmutzungen, Lacke und Farben, hartnäckige Fettverschmutzungen, Wachse etc.
  - Die Basis können wassermischbare Lösemittel oder nicht wassermischbare Lösemittel sein.

- Besonders empfehlenswert sind Produkte auf Basis von Diglykolether; diese Fleckentfernungsmittel sind mit Wasser mischbar, biologisch gut abbaubar, schwer entzündlich und geruchsarm.
- Auf Produkte, die aromatische Kohlenwasserstoffe (z. B. Xylol, Toluol etc.) enthalten, sollte man verzichten.

- Tensidfreie Reiniger auf Komplexbildnerbasis mit wassermischbarem Lösemittel

  Wie tensidhaltige Produkte entfernen sie wasserlösliche Verschmutzungen, wie z. B. Zucker, Eiweiß, Getränkeflecken sowie öl- und fetthaltige Verschmutzungen. Der Vorteil gegenüber tensidhaltigen Mitteln ist vor allem, dass diese Produkte keine rasche Wiederanschmutzung begünstigen.
- Kombinationsprodukte mit Tensiden und Lösemitteln

  sind i. d. R. ein Gemisch aus Tensiden, Lösemitteln und Wasser; die Reinigungskraft gegenüber Ölen und Fetten ist stärker als bei tensidhaltigen Produkten ohne Lösemittel.
- Spezialprodukte,
  - Basis Enzyme, z. B. zur Entfernung von Eiweiß-, Blut- und Urinflecken,
  - Basis Oxidationsmittel, z. B. Wasserstoffperoxid zum Ausbleichen von Naturfarbstoffen wie Rotweinflecken etc.,
  - Basis Reduktionsmittel, z. B. Natriumdithionit oder schweflige Säure zur Entfernung von Tinten- und gelblichen Obstflecken; Oxalsäure zur Entfernung von Rostflecken.

Sprühextraktionsreiniger (tensidhaltig)

Sie bestehen aus:

- Tensiden,
- evtl. speziellen Fettlösern (wassermischbare org. Lösemittel),
- Schaumregulatoren,
- Komplexbildner,
- evtl. Polyacrylaten zur Hemmung der Wiederanschmutzung,
- Duftstoffen, Konservierungsmitteln, Wasser.

Zur Anwendung kommen sie bei der Sprühextraktion in einer Konzentration von 1:20 bis 1:50.

Enzymreiniger

Enzymreiniger gibt es als tensidfreie und tensidhaltige Produkte, die i. d. R. mit warmem Wasser zu verwenden sind. Sie können zur Zwischen- und Grundreinigung sowie zur Fleckentfernung von textilen Belägen eingesetzt werden. Tensidfreie Enzymreiniger führen zu keiner

Schaumbildung und eignen sich deshalb neben der Faser-/Garnpad-Methode auch zur Sprühextraktion; sie begünstigen keine rasche Wiederanschmutzung und schmutzabweisende Imprägnierungen werden in ihrer Wirkung nicht beeinträchtigt. Bedingt durch ihre Wirkungsweise benötigen Enzymreiniger etwas längere Einwirkzeiten. Da nach der Reinigung Enzyme im Textilbelag zurückbleiben, besteht die Gefahr von allergischen Reaktionen bei Hautkontakt mit dem Textilbelag (z. B. Kleinkinder beim Krabbeln oder allgemein beim Barfußgehen) oder durch das Einatmen von Enzymen, die z. B. an Staubpartikel anhaften können.

Bei einem textilen Belag aus Eiweißfasern (Wolle, Ziegenhaar, Seide) sollten keine Produkte auf Enzymbasis eingesetzt werden. Enzyme, die Eiweiße aufspalten (Proteasen), können auch Eiweißfasern zersetzen.

Teppichshampoo

Teppichschaumreiniger (Shampoos) enthalten:

- Tenside,
- spezielle Fettlöser (wassermischbare org. Lösemittel),
- Komplexbildner,
- Schaumstabilisatoren,
- Polyacrylate zur Verbesserung des Schmutztragevermögens und Hemmung der Wiederanschmutzung,
- Duftstoffe, Konservierungsmittel, Wasser.

Gute Teppichshampoos trocknen zu einem kristallinen Rückstand, der gut absaugbar ist. Das Prinzip der Schmutzentfernung beruht darauf, dass der Schaum den Schmutz von den Teppichfasern bzw. von dem Flor löst und die Schmutzpartikel einhüllt. Die eingehüllten Schmutzteilchen werden dann sprühextrahiert bzw. nach der Trocknungszeit abgesaugt.

An ein gutes Teppichshampoo werden folgende Anforderungen gestellt:

- gute Reinigungskraft,
- neutral oder schwach sauer (pH 6 bis 7), damit die Farben des Teppichs nicht ausbluten (insbesondere bei Wolle und Seide),
- gutes Schaum- und Schaumstehvermögen,
- geruchlos oder angenehm parfümiert,
- im getrockneten Zustand kristalline Trockenrückstände, die abgesaugt werden können,
- keine Begünstigung der Wiederanschmutzung,
- ohne Bestandteile (z. B. optische Aufheller), die die Farbe verändern bzw. das Gewebe angreifen.

Teppichreinigungspulver (Teppichreinigungsgranulat)

Das Pulver besteht aus einer Kombination von Trägersubstanzen und Reinigungslösung und kann auf kurzfloriger Velours- und Schlingenware zur Zwischenreinigung verwendet werden. Als Trägersubstanzen für Teppichreinigungsgranulat kommen z. B. zum Einsatz:

- Holzmehl,
- Maiskolbenschrot,
- Polyurethanschaum-Granulat.

Die Reinigungslösung enthält Lösemittel (meist Alkohole) und Tenside als reinigungsaktive Substanzen. Dieses Reinigungssystem schafft die Voraussetzungen dafür, unterschiedliche Schmutzarten bei der Pulverreinigung zu entfernen. Der gelöste Schmutz wird von den Trägersubstanzen aufgesaugt und festgehalten. Mit speziellen Walzenbürstmaschinen zur Pulverreinigung kann das Pulver direkt wieder aufgenommen werden oder es wird nach der vollständigen Trocknung mit leistungsstarken Staub- bzw. Bürstsaugern abgesaugt.

Die Anwendung von Teppichreinigungspulver ist nicht geeignet für hochflorige Beläge, Nadelvlies oder Kugelgarn!

Antistatika

Produkte, die eine elektrostatische Aufladung von synthetischen Materialien verhindern sollen. Antistatika wirken i. d. R. hygroskopisch (wasseranziehend), dadurch können sich die schlecht leitenden Materialien (synthetische Fasern, die nur wenig Feuchtigkeit aufnehmen) entladen (die Oberflächenleitfähigkeit der Materialien wird erhöht). Eine andere Wirkung der Produkte ist die Erniedrigung des Reibungskoeffizienten der Materialien.

Bei Teppichböden werden Antistatika-Produkte im Sprühverfahren aufgebracht.

Entschäumer

Hilfsmittel (enthalten i. d. R. Silikonöl), um bei der Sprühextraktion ein unerwünschtes Schäumen bei der Aufnahme tensidhaltiger Schmutzflotte zu verhindern. Der Schaum fällt in sich zusammen, so muss der Schmutzwassertank nicht so häufig entleert werden.

Schmutzabweisende Produkte (Antisoiling-Imprägnierungen)

Durch eine Behandlung mit geeigneten hydrophoben Substanzen (z. B. Silikonen oder anderen Produkten) kann eine Abweisung gegenüber wässrigem Schmutz erzielt werden. Durch den Einsatz bestimmter Fluorverbindungen erhält man eine gleichzeitige Abweisung von ölartigen und wässrigen Verschmutzungen. Auch Polyacrylsäureester mit perfluorierten Alkoholkomponenten finden Verwendung.

Diese Produkte werden mittels Sprühgerät gleichmäßig aufgesprüht und anschließend im noch feuchten Zustand mit weichen Bürsten manuell oder maschinell in die Bodenfläche einmassiert. Dadurch wird eine Tiefenwirkung im Belag erzielt.

In stark begangenen Bereichen kann es allmählich zu einer mechanischen Abnutzung der schmutzabweisenden Behandlung kommen. Die Verwendung tensidhaltiger Behandlungsmittel führt grundsätzlich zu einer eingeschränkten Wirkung der Antisoiling-Imprägnierung.

Akarizide

Sie werden zur Bekämpfung von Hausstaubmilben eingesetzt. Wirksame Bestandteile dazu sind Carbonsäureester mit Polymeren (Acrylate). Diese Kombination tötet die Milben zuverlässig. Gleichzeitig werden die pulverförmigen Feinstpartikel der Exkremente von der Faser gelöst und lagern sich zu größeren Klümpchen zusammen. So können sie nicht mehr so leicht aufgewirbelt und inhaliert werden und lassen sich gleichzeitig besser absaugen. Auf diese Art und Weise lassen sich textile Beläge, Polstermöbel oder auch Matratzen, die eine hohe Hausstaubmilbenallergenkonzentration aufweisen, durch Reinigungsmaßnahmen sanieren.

Zur Feststellung der Anwesenheit von Hausstaubmilbenallergenen gibt es Schnelltests, mit welchen man eine kritische Allergenkonzentration durch eine Farbreaktion sichtbar machen kann.

Akarizide werden meist angeboten als Schaum, in Form von Teppichreinigungsgranulat und als Sprühextraktionsreiniger.

2.8 Produkte zur desinfizierenden Reinigung/Desinfektionsmittel

Desinfektionsmittel sind chemische Zubereitungen, die zur Abtötung bzw. irreversiblen Schädigung von Keimen eingesetzt werden. Desinfektionswirkstoffe werden als antimikrobielle (mikrobizide) Substanzen bezeichnet.

Wirkungsspektrum von Desinfektionsmitteln bzw. -wirkstoffen

- *bakterizid* tötet Bakterien
- *fungizid* tötet Pilze
- *virusinaktivierend* zerstört bzw. inaktiviert Viren
- *sporizid* tötet bzw. inaktiviert Sporen

Wichtige Desinfektionswirkstoffe

Zu den am häufigsten in Desinfektionsmitteln/Desinfektionsreinigern eingesetzten Desinfektionswirkstoffen zählen:

- Alkohole,
- Aldehyde,
- Sauerstoffabspalter,
- kationische und amphotere Tenside,
- Biguanidine.

Alkohole werden als Desinfektionswirkstoff in hoher Konzentration (meist 60 bis 70 volumenprozentig) als Hände- und Flächendesinfektionsmittel eingesetzt, sie haben relativ kurze Einwirkzeiten. Es muss darauf geachtet werden, dass während der Einwirkzeit die zu desinfizierende Fläche oder Hautstelle benetzt ist. Aufgrund der Brand- und Explosionsgefahr ist beim Umgang die Berufsgenossenschaftliche Regel *Desinfektionsarbeiten im Gesundheitsdienst (BGR 206)* zu beachten.

Ein klassischer Desinfektionswirkstoff ist Formaldehyd. Es ist schnell wirksam und hat ein breites Wirkungsspektrum (bakterizid, fungizid, virusinaktivierend). Formaldehyd verliert aber als Desinfektionswirkstoff zunehmend an Bedeutung, da es neben der stark reizenden und allergenen Wirkung auch als krebserregend eingestuft ist.

Andere Aldehyde, wie z. B. Glyoxal oder Glutaraldehyd, sind dagegen häufig als Desinfektionswirkstoff in Desinfektionsmitteln enthalten. Aldehydhaltige Desinfektionsreiniger haben einen hohen Eiweißfehler.

Sauerstoffabspalter (z. B. Wasserstoffperoxid, Peressigsäure, Magnesiummonoperoxyphthalat-Hexahydrat) haben ein breites Wirkungsspektrum und spalten in wässriger Lösung als desinfizierende Substanz aktiven Sauerstoff ab. Diese Produkttypen sind relativ teuer und angesetzte Gebrauchslösungen nicht lagerstabil. Manche Werkstoffe (Metalle) können korrodieren; ökologisch sind diese Wirkstoffe dagegen unbedenklich.

Kationische Tenside als quaternäre Ammoniumverbindungen (QAV, auch als Quats bezeichnet) werden am häufigsten bei Desinfektionsreinigern eingesetzt. Als Tenside haben sie sowohl eine reinigende als auch eine desinfizierende Wirkung. QAV neigen zu einem sogenannten Seifenfehler, d. h. mit anionischen Tensiden verbindet sich dieser Wirkstoff zu einem Riesenmolekül, das schlecht bzw. unlöslich in Wasser ist. QAV wirken nicht bzw. nur sehr eingeschränkt viruzid und sind deshalb nicht in der RKI-Liste enthalten. Positiv ist dagegen, dass keine geruchsbelästigende Wirkung von QAV ausgeht; außerdem sind sie verträglich mit allen wasserbeständigen Oberflächen.

Biguanidine sind geruchsarme, kationische Verbindungen. Sie haben ein breites Wirkungsspektrum, welches jedoch je nach Verbindungstyp stark variiert.

Desinfektionsmittel haben die Aufgabe, Oberflächen zu desinfizieren. Sie sind nicht zum Reinigen oder Pflegen konzipiert. Um einen oder mehrere Arbeitsgänge und damit Zeit zu sparen, werden oftmals Desinfektionsreiniger als Kombinationsprodukte eingesetzt.

Kombinationsprodukte

Desinfektionsreiniger:

- Gleichzeitig reinigender und desinfizierender Wirkstoff (z. B. kationische Tenside)
- Mischung eines Desinfektionswirkstoffs mit reinigungsaktiven Substanzen

Anforderungen an Desinfektionsmittel bzw. -reiniger

- Krankheitserreger abtöten oder inaktivieren,
- möglichst breites Wirkungsspektrum,
- schnell wirksam (Benetzungszeit muss zur Desinfektion ausreichen),
- Wirksamkeit in möglichst geringer Konzentration,
- möglichst geringer Desinfektionsfehler (Seifen-, Eiweißfehler),
- VAH- bzw. RKI- bzw. DVG-gelistet,
- nicht gesundheitsgefährdend oder allergen,
- nicht oberflächenschädigend bzw. korrosiv,
- keine Geruchsbelästigung,
- geringe Umweltbelastung,
- gute biologische Abbaubarkeit,
- wirtschaftlich.

Es gibt wichtige Desinfektionsmittellisten, die in Gesundheitseinrichtungen bei der Auswahl von geeigneten Produkten zu berücksichtigen sind:

- RKI- (früher BGA-) Liste (RKI = Robert Koch-Institut)
- VAH-Liste (früher DGHM-) Liste (VAH = Verbund für Angewandte Hygiene e. V.)
- DVG-Liste (DVG = Deutsche Veterinärmedizinische Gesellschaft)

Die *RKI-Liste* enthält Mittel und Verfahren, die gemäß § 18 Infektionsschutzgesetz (IfSG) bei behördlich angeordneten Desinfektionsmaßnahmen eingesetzt werden müssen. Das RKI hat die Arbeit des Bundesgesundheitsamtes (BGA) bezüglich der Prüfung von Desinfektionsmitteln übernommen. Das Institut prüft Desinfektionsmittel im Hinblick auf deren Eignung im Einsatz bei Seuchenfällen.

Die *VAH-Liste* enthält Produkte für prophylaktische und sonstige Desinfektionsmaßnahmen in Einrichtungen des Gesundheitswesen und in öffentlichen Einrichtungen. Grundsätzlich steht dem Anwender die Wahl der Desinfektionsmittel frei, es wird jedoch dringend empfohlen, VAH-gelistete Produkte einzusetzen (RKI-Empfehlung).

Mittel der *DVG-Liste* können für folgende Bereiche eingesetzt werden:

- Tierhaltung und tierärztliche Praxis,
- Fleischgewinnung sowie Lebensmittel tierischen Ursprungs und Milchprodukte,
- Großküchen.

Abb. 2/2: Seifenfehler

Grundsätzlich steht dem Anwender die Auswahl der Desinfektionsmittel frei.

Desinfektionsmittel können mit anderen Substanzen bevorzugt reagieren, d. h. sie wirken auf einen Keim erst sekundär. Dadurch wird die Desinfektionswirkung teilweise oder vollkommen eingeschränkt.

- *Seifenfehler:* Reaktion des Reinigungsmittels mit dem Desinfektionsreiniger (anionische Tenside reagieren mit kationischen Tensiden).
- *Eiweißfehler:* Reaktion des Desinfektionsmittels mit dem Eiweiß des Schmutzes anstatt mit den Mikroorganismen (Desinfektionswirkstoff wird unwirksam).

Umgang mit Desinfektionsmitteln/-reinigern

- Dosierung genau einhalten,
- je länger die Einwirkzeit, desto besser,
- Handschuhe und ggf. Augenschutz (beim Herstellen von Mischungen) tragen,
- kein Mischen von Reinigungsmitteln mit Desinfektionsmitteln, da ein Seifenfehler auftreten kann,

- gute Einweisung bzw. Schulung des Reinigungspersonals anhand des Hygieneplans; dieser enthält z. B.:
  - Wann wird gereinigt (Zeitpunkt)?
  - Wo wird gereinigt (Ort, Gegenstand)?
  - Wie wird gereinigt (Ausführung, d. h. eingesetzte Technologie)?
  - Womit wird gereinigt (Art und Konzentration des Desinfektionsreinigers)?
- jährliche Unterweisung hinsichtlich der Gefahren gemäß § 14 Gefahrstoffverordnung (Unterrichtung und Unterweisung der Beschäftigten),
- Desinfektionsreiniger, die auf stark verschmutzte Oberflächen aufgetragen werden, haben eine geringere Wirksamkeit,
- durch die gleichzeitige mechanische Bearbeitung mit Bürste, Pad oder Reinigungstextilien erhöht sich der Desinfektionserfolg (= Scheuer-Wisch-Desinfektion),
- auf vollständige Benetzung achten,
- bei der Anwendung von Flächendesinfektionsmitteln (speziell Alkohole und Aldehyde) darf die Temperatur des Wassers höchstens 22 °C betragen (BGR 206),
- Desinfektionsmittel nicht großflächig im Sprühverfahren einsetzen, da die Inhalation der Aerosole eine Gesundheitsgefährdung darstellt und bei alkoholischen Präparaten außerdem Explosionsgefahr besteht,
- desinfiziertes Inventar sowie Fußböden dürfen nicht trocken gerieben werden,
- eine Reduzierung der Reinigungshäufigkeit reduziert gleichzeitig den Hygienestandard,
- geeignete Kontrollmaßnahmen durch Mitarbeiter der Klinik (Hygienefachkraft, Hygieneschwester, Desinfektoren etc.) und Mitarbeiter der Gebäudereinigung (Objektleiter, Vorarbeiter, Betriebsleiter) halten den Hygienestandard aufrecht (Abklatschtests, Checklisten etc.),
- Überprüfung der eingestellten Konzentration des Desinfektionsmittels bei zentralen oder dezentralen Desinfektions-Dosieranlagen durch zuständige Mitarbeiter des Krankenhauses,
- nicht abgebaute Desinfektionswirkstoffe beeinträchtigen die Bakterien im Belebtschlammbecken von Kläranlagen und somit den aeroben biologischen Abbau organischer Substanzen.

3 Arbeitssicherheit

3.1 Allgemeine Grundlagen

Auf dieses umfangreiche Thema wird in dieser Broschüre nur kurz eingegangen. Informationsbroschüren bzw. Unfallverhütungsvorschriften (UVV) der Bau-Berufsgenossenschaften (BG BAU) sollen zum Selbststudium verwendet werden.

Insbesondere folgende Berufsgenossenschaftliche Vorschriften (BGV), Berufsgenossenschaftliche Regeln (BGR) für Sicherheit und Gesundheitsschutz, Berufsgenossenschaftliche Informationen (BGI), Broschüren und Bücher sollen ergänzend Verwendung finden:

- Grundsätze der Prävention (BGV A1),
- Elektrische Anlagen und Betriebsmittel (BGV A3),
- Arbeitsmedizinische Vorsorge (BGV A4),
- Sicherheits- und Gesundheitsschutzkennzeichnung am Arbeitsplatz (BGV A8),
- Bauarbeiten (BGV C22),
- Handlungsanleitung für den Umgang mit Leitern und Tritten (BGI 694),
- Betreiben von Hebebühnen (BGR 500, Kapitel 2.10),

Abb. 3/1: Broschüren zur Arbeitssicherheit (Quelle: BG BAU)

- Arbeitssicherheit und Gesundheitsschutz am Bau (BGI 5081),
- Gebäudereinigungsarbeiten (BGI 659),
- Umgang mit Reinigungs- und Pflegemitteln (BGR 209),
- Prävention kompakt – Gebäudereiniger,
- Gefahrstoffe beim Bauen, Renovieren und Reinigen.

Die Informationen sind für Versicherte der BG BAU kostenlos bei der Bau-Berufsgenossenschaft erhältlich.

Weitere Informationen erhält man unter folgenden Adressen:

- www.arbeitssicherheit.de
- www.bgbau.de
- www.gisbau.de
- www.wingis.de

Arbeitsunfälle verursachen Schäden

- bei den vom Unfall betroffenen Personen selbst (evtl. tödliche Verletzungen, vorübergehende oder bleibende körperliche Schäden, materielle Schäden),
- für das Unternehmen (Arbeitsausfall, materielle Schäden),
- für die Beitragszahler (Beiträge zur Berufsgenossenschaft können aufgrund vermehrter Leistungen den entsprechenden Ausgaben der Versicherungsträger angepasst werden; Beitragszahler sind die Arbeitgeber).

Besondere Gefährdung bei der Ausführung von Reinigungsarbeiten besteht

- bei elektrischen Anlagen,
- beim Umgang mit gefährlichen Arbeitsstoffen,
- bei der Benutzung von Leitern, Gerüsten etc.,
- bei der Benutzung von Hubarbeitsbühnen, Fassadenbefahranlagen etc.

Hinweise zur **Arbeitssicherheit und Ökologie** beim Umgang mit Reinigungsmitteln:

- Angaben des Herstellers auf dem Technischen Informationsblatt beachten,
- Angaben im Sicherheitsdatenblatt beachten,
- Reinigungsaufsicht muss das Personal unterweisen; die Anordnungen müssen befolgt werden,
- für Reinigungsmittel als Gefahrstoffe müssen arbeitsplatzbezogene Betriebsanweisungen erstellt und beachtet werden,

- entsprechende Unfallverhütungsvorschriften (UVV) der Bau-Berufsgenossenschaft (BG BAU) sind zu beachten,
- Unterweisungen über Hautschutz, Leitern und Tritte, Gefahrstoffe etc.,
- objektspezifische Maßnahmen zur Arbeitssicherheit, die vom Auftraggeber verlangt werden, müssen ebenfalls beachtet werden.

3.2 Gefahrstoffe

Der Einsatz von Gefahrstoffen in der Gebäudereinigung ist vielfältig. Die Anforderungen an den Schutz der Arbeitnehmer sind durch die Gefahrstoffverordnung geregelt. Seit Anfang 2009 gibt es zusätzliche Anforderungen an die Kennzeichnung von Gefahrstoffen gemäß der GHS-Verordnung der EU. Durch diese Verordnung ergeben sich Änderungen bei den Begriffen im Umgang mit Gefahrstoffen. Diese sind in diesem Abschnitt der Broschüre durch eckige Klammern gekennzeichnet.

Der Gebäudereiniger kann Gefahrstoffe meist an der Kennzeichnung erkennen. Säuren, Alkalien (Laugen), organische Lösemittel, Oxidationsmittel, Reduktionsmittel gehören zu den gefährlichen Stoffen. Ebenfalls dazu gehören gefährliche Behandlungsmittel (sogenannte Zubereitungen [Gemische]), die einen oder mehrere dieser Stoffe enthalten.

In § 2 der Gefahrstoffverordnung werden Gefahrstoffe folgendermaßen definiert:

1. gefährliche Stoffe und Zubereitungen [Gemische] nach § 3 der Gefahrstoffverordnung,
2. Stoffe, Zubereitungen und Erzeugnisse, die explosionsfähig sind,
3. Stoffe, Zubereitungen [Gemische] und Erzeugnisse, aus denen bei der Herstellung oder Verwendung Stoffe oder Zubereitungen [Gemische] nach Nummer 1 oder 2 entstehen oder freigesetzt werden,
4. Stoffe und Zubereitungen [Gemische], die die Kriterien nach den Nummern 1 bis 3 nicht erfüllen, aber aufgrund ihrer physikalisch-chemischen, chemischen oder toxischen Eigenschaften und der Art und Weise, wie sie am Arbeitsplatz vorhanden sind oder verwendet werden, die Gesundheit und die Sicherheit der Beschäftigten gefährden können,
5. alle Stoffe, denen ein Arbeitsplatzgrenzwert zugewiesen worden ist.

Beispiele von Behandlungsmitteln als Gefahrstoffe:

- stark saure Sanitärreiniger,
- stark alkalische Grundreiniger,
- Grillreiniger,
- Graffiti-Entferner,

- stark alkalische Industriereiniger,
- chlorhaltige Sanitärreiniger,
- Desinfektionsreiniger.

Gemäß Gefahrstoffverordnung sind Gefahrstoffe durch den Inverkehrbringer (Hersteller oder Lieferant) entsprechend zu kennzeichnen. Die Kennzeichnung muss enthalten:

- Bezeichnung des Stoffes oder der Zubereitung [Gemisch],
- Bezeichnung bestimmter Bestandteile der Zubereitung [Gemisch],
- Gefahrensymbole und Gefahrenbezeichnungen,
- Hinweise auf besondere Gefahren (R-Sätze [H-Hinweise]),
- Sicherheitsratschläge (S-Sätze [P-Hinweise]),
- Name, Anschrift und Telefon von Hersteller oder Lieferant.

Durch die GHS-Verordnung (VO (EG) 1272/2008 GHS) werden neue, z. T. den alten Zeichen ähnliche, Gefahrensymbole zur Kennzeichnung von gefährlichen Stoffen und Zubereitungen [Gemische] eingeführt. Die Symbole sind nicht mehr orange-schwarze Quadrate, sondern weiße Rauten mit rotem Rand und schwarzen Symbolen.

Statt der bisherigen 15 Gefahrenmerkmale wird nun unterschieden in 16 Gefahrenklassen für physikalische Gefahren, zehn Gefahrenklassen für gesundheitsschädliche Gefahren und eine Umweltgefahrenklasse. Zu den Gefahrensymbolen werden zusätzlich Signalworte eingeführt. Die Signalworte konkretisieren die zu erwartende Gefahr. Es werden die Signalworte „Achtung“ und „Gefahr“ eingesetzt, wobei „Gefahr“ immer die größere Gefährdung beschreibt. Die Gefahrenklassen können jeweils noch in Gefahrenkategorien (GK) unterteilt werden. Beispielsweise gibt es für die Gefahrenklasse „akute Toxizität“ (früher sehr giftig, giftig und gesundheitsschädlich) vier Unterkategorien, wobei drei mit dem Totenkopf und dem Signalwort „Gefahr“ gekennzeichnet werden und eine Kategorie mit dem Ausrufezeichen und dem Signalwort „Achtung“.

Gegenüberstellung neue (GHS) und alte (GefStoffV) Kennzeichnung von Gefahrstoffen:

	GHS 01 Explodierende Bombe • Explosive Stoffe/Gemische • Erzeugnisse mit Explosivstoff • Selbstzersetzliche Stoffe und Gemische • Organische Peroxide		E – explosionsgefährlich

	GHS 02 Flamme • Entzündbare Gase GK 1 • Entzündbare Aerosole GK 1, 2 • Entzündbare Flüssigkeiten GK 1, 2, 3 • Entzündbare Feststoffe GK 1, 2 • Selbstzersetzliche Stoffe und Gemische • Selbstentzündliche (pyrophore) Flüssigkeiten • Selbstentzündliche (pyrophore) Feststoffe • Selbsterhitzungsfähige Stoffe und Gemische GK 1, 2 • Stoffe und Gemische die mit Wasser entzündbare Gase entwickeln GK 1, 2, 3 • Organische Peroxide		F^{+} – hochentzündlich F – leichtentzündlich R 10 entzündlich
	GHS 03 Flamme über Kreis • Entzündend (oxidierend) wirkende Gase • Entzündend (oxidierend) wirkende Flüssigkeiten GK 1, 2, 3 • Entzündend (oxidierend) wirkende Feststoffe GK 1, 2, 3		O – brandfördernd
	GHS 04 Gasflasche • Unter Druck stehende Gase		
	GHS 05 Ätzwirkung • Auf Metall korrosiv wirkend • Ätzung der Haut GK 1 • Schwere Augenschädigung/-reizung GK 1		C – ätzend
	GHS 06 Totenkopf mit gekreuzten Knochen • Akute Toxizität GK 1, 2, 3		T^{+} – sehr giftig T – giftig
	GHS 07 Ausrufezeichen • Akute Toxizität GK 4 • Ätzung/Reizung der Haut GK 2 • Schwere Augenschädigung/-reizung GK 2 • Sensibilisierung der Atemwege oder Haut • Spezifische Zielorgan-Toxizität (einmalige Exposition) GK 3		Xi – reizend Xn – gesundheitsschädlich Sensibilisierend

	GHS 08 Gesundheitsgefahr • Sensibilisierung der Atemwege oder Haut • Keimzell-Mutagenität GK 1, 2 • Karzinogenität GK 1, 2 • Reproduktionstoxizität GK 1, 2 • Spezifische Zielorgan-Toxizität (einmalige Exposition) GK 1, 2 • Spezifische Zielorgan-Toxizität (wiederholte Exposition) • Aspirationsgefahr		Krebserzeugend Erbgutverändernd Fortpflanzungsgefährdend
	GHS 09 Umwelt • Gewässergefährdend		N – umweltgefährlich

3.2.1 Informationsermittlung und Gefährdungsbeurteilung

Der Arbeitgeber muss gemäß § 6 Gefahrstoffverordnung ermitteln, ob es sich bei dem eingesetzten Stoff um einen Gefahrstoff handelt. Dazu hat er folgende Möglichkeiten:

- eigene Erfahrung,
- Information durch Lieferanten,
- technisches Informationsmaterial, Produktblätter,
- EU-Sicherheitsdatenblätter oder Informationsblätter.

Sollte es sich bei dem Behandlungsmittel um einen Gefahrstoff handeln oder wird bei der Anwendung ein Gefahrstoff freigesetzt, muss der Arbeitgeber einen Ersatzstoff suchen oder das Verfahren ändern. Kann der Arbeitgeber keinen Ersatzstoff finden bzw. kann das Verfahren nicht geändert werden, muss eine Gefährdungsbeurteilung gemäß TRGS 400 durchgeführt werden. Tätigkeiten mit Gefahrstoffen dürfen erst aufgenommen werden, nachdem die Gefährdungsbeurteilung durchgeführt und die erforderlichen Schutzmaßnahmen getroffen wurden. Hierbei müssen folgende Punkte berücksichtigt werden:

- gefährliche Eigenschaften der Stoffe oder Zubereitungen [Gemische] einschließlich ihrer physikalisch-chemischen Wirkung,
- Informationen des Herstellers oder Inverkehrbringers zum Gesundheitsschutz und zur Sicherheit insbesondere im Sicherheitsdatenblatt,
- Art und Ausmaß der Exposition unter Berücksichtigung aller Expositionswege; dabei sind die Ergebnisse der Messungen und Ermittlungen nach § 7 Abs. 8 zu berücksichtigen,

- Möglichkeiten einer Substitution,
- Arbeitsbedingungen und Verfahren, einschließlich der Arbeitsmittel und der Gefahrstoffmenge,
- Arbeitsplatzgrenzwerte (AGW) und biologische Grenzwerte,
- Wirksamkeit der ergriffenen oder zu ergreifenden Schutzmaßnahmen,
- Erkenntnisse aus arbeitsmedizinischen Vorsorgeuntersuchungen nach der Verordnung zur arbeitsmedizinischen Vorsorge.

Nach der Gefährdungsbeurteilung können folgende Schutzmaßnahmen notwendig sein:

- Veranlassung/Angebot von arbeitsmedizinischen Vorsorgeuntersuchungen,
- Unterweisung der Mitarbeiter vor Aufnahme der Tätigkeit und Dokumentation der Unterweisung,
- der Arbeitgeber muss Schutzausrüstungen zur Verfügung stellen und darauf achten, dass diese bei der Arbeit benutzt werden,
- jährliche, persönliche Unterweisung,
- Betriebsanweisungen in einer für die Beschäftigten verständlichen Sprache erstellen und am Arbeitsplatz anbringen.

Hierbei helfen dem Arbeitgeber auch die Technischen Regeln Gefahrstoffe (TRGS). Besonders zu beachten sind hier:

- TRGS 401 Gefährdung durch Hautkontakt – Ermittlung, Beurteilung, Maßnahmen,
- TRGS 500 Schutzmaßnahmen.

Schutzmaßnahmen

Ist die Gefährdungsbeurteilung abgeschlossen, werden für Tätigkeiten mit Gefahrstoffen allgemeine Schutzmaßnahmen (§ 8 GefStoffV) ergriffen. Ergibt die Gefährdungsbeurteilung, dass diese allgemeinen Schutzmaßnahmen nicht ausreichen, muss der Arbeitgeber zusätzliche Schutzmaßnahmen (§ 9 GefStoffV) ergreifen. Besondere Schutzmaßnahmen müssen beim Umgang mit krebserzeugenden, erbgutverändernden und fruchtbarkeitsschädigenden Stoffen ergriffen werden (§ 10 GefStoffV) sowie gegen physikalisch-chemische Einwirkungen, insbesondere gegen Brand- und Explosionsgefährdungen (§ 11 GefStoffV). Schutzmaßnahmen sind technische, organisatorische und persönliche Maßnahmen sowie Vorgaben und Kriterien zur Überprüfung der Wirksamkeit bereits getroffener Maßnahmen. Die konkrete Auswahl, Festlegung und Umsetzung der jeweiligen Maßnahmen bezieht sich immer auf das Ergebnis der entsprechenden Gefährdungsbeurteilung.

3.2.2 Sicherheitsdatenblätter und Betriebsanweisungen

Für Reinigungs- und Pflegemittel, die als Gefahrstoffe eingestuft werden, müssen im Betrieb Sicherheitsdatenblätter gemäß TRGS 220 vorhanden sein. Die Sicherheitsdatenblätter muss der Lieferant zur Verfügung stellen. Sinnvoll ist es, wenn man aber von allen eingesetzten Reinigungs- und Pflegemitteln (also auch von solchen, die keine Gefahrstoffe sind) die Sicherheitsdatenblätter oder anderes Informationsmaterial vom Hersteller anfordert.

EG-Sicherheitsdatenblatt nach EG Nr. 1907/2006 (REACH):

1. Stoff-/Zubereitungs- und Firmenbezeichnung
2. Mögliche Gefahren
3. Zusammensetzung/Angaben zu Bestandteilen
4. Erste-Hilfe-Maßnahmen
5. Maßnahmen zur Brandbekämpfung
6. Maßnahmen bei unbeabsichtigter Freisetzung
7. Handhabung und Lagerung
8. Expositionsbegrenzung und persönliche Schutzausrüstung
9. Physikalische und chemische Eigenschaften
10. Stabilität und Reaktivität
11. Angaben zur Toxikologie
12. Angaben zur Ökologie
13. Hinweise zur Entsorgung
14. Angaben zum Transport
15. Vorschriften
16. Sonstige Angaben

Für alle Gefahrstoffe müssen gemäß § 14 GefStoffV schriftliche Betriebsanweisungen erstellt werden, die der Gefährdungsbeurteilung Rechnung tragen. Die Betriebsanweisungen müssen den Beschäftigten in verständlicher Form und Sprache zugänglich gemacht werden.

Die Betriebsanweisung muss mindestens Folgendes enthalten:

- Informationen über die am Arbeitsplatz auftretenden Gefahrstoffe, wie z. B. Bezeichnung der Gefahrstoffe, ihre Kennzeichnung sowie Gefährdungen der Gesundheit und der Sicherheit,
- Informationen über angemessene Vorsichtsmaßregeln und Maßnahmen, die der Beschäftigte zu seinem eigenen Schutz und zum Schutz der anderen Beschäftigten am Arbeitsplatz durchzuführen hat; dazu gehören insbesondere:

- Hygienevorschriften,
- Informationen über Maßnahmen, die zur Verhütung einer Exposition zu ergreifen sind,
- Informationen zum Tragen und Benutzen von Schutzausrüstungen und Schutzkleidung;

Betriebsanweisung Nr. 01/2010-GS50 | Betrieb: FIGR Forschungs- u. Prüfinstitut für Facility Management GmbH
Gemäß §14 Gefahrstoffverordnung

Tätigkeit: Entfernung mineralischer Verschmutzungen — Druckdatum: 11.01.2010

Sanitärreiniger, reizend
Produkt-Code: GS50

Diese Sanitärreiniger sind saure, wasserverdünnbare Flüssigkeiten und werden zur Kalk-, Rost- und Urinsteinentfernung eingesetzt. Sie werden je nach Verschmutzung konzentriert oder verdünnt verwendet. Die Produkte können u. a. Phosphorsäure, Amidosulfonsäure, Glykolsäure, Tenside, desinfizierende Substanzen, Hilfsstoffe, Farbzusätze und Parfümöle enthalten. Die folgenden Informationen beziehen sich vor allem auf den Umgang mit dem unverdünnten Produkt, z. B. Umfüllen, Verdünnen.

Gefahren für Mensch und Umwelt

Eine Gefährdung durch Einatmen besteht bei Spritzverfahren. Reizt die Augen, Haut. Beim Verdünnen dem Wasser zugeben, nie umgekehrt. Bildet mit hypochlorithaltigen Reinigungsmitteln gefährliche Dämpfe (giftiges Chlorgas). Reagiert mit Laugen unter Wärmeentwicklung, Spritzgefahr!
Eindringen in Boden, Gewässer und Kanalisation vermeiden!

Schutzmaßnahmen und Verhaltensregeln

Verschlüsse vorsichtig öffnen! Beim Ab- und Umfüllen Verspritzen vermeiden! Gefäße nicht offen stehen lassen! Vorratsmenge auf einen Schichtbedarf beschränken! Nicht mit anderen Produkten oder Chemikalien mischen! Berührung mit Augen, Haut und Kleidung vermeiden! Nach Arbeitsende und vor jeder Pause Hände gründlich reinigen! Hautpflegemittel verwenden! Nach Arbeitsende Kleidung wechseln! Benetzte/verunreinigte Kleidung sofort wechseln! Dosierung und Anwendungshinweise sorgfältig beachten.
Beschäftigungsbeschränkungen beachten!
Augenschutz: Bei Spritzgefahr: Gestellbrille!
Handschutz: Handschuhe aus Polychloropren, Nitril, Butylkautschuk.
Beim Tragen von Schutzhandschuhen sind Baumwollunterziehhandschuhe empfehlenswert!
Atemschutz: Bei Anwendung im Spritzverfahren (bei starker Aerosolbildung) werden Partikelfilter P2 empfohlen
Hautschutz: Für alle unbedeckten Körperteile fetthaltige Hautschutzsalbe verwenden:
Körperschutz: Beim Verdünnen oder Abfüllen: Kunststoffschürze!
Bei Spritzverfahren: (Einweg-)Chemikalienschutzanzug und Kunststoffstiefel.

Verhalten im Gefahrenfall

Mit saugfähigem Material (z. B. Universalbinder, Wischtuch) aufnehmen und entsorgen! Produkt ist nicht brennbar.
Zuständiger Arzt: Dr. Max Gesund, Musterstraße 1, 72555 Metzingen, Tel. 07123 / 9750
Unfalltelefon: 112, **Krankenwagen:** 19 222

Erste Hilfe

Bei jeder Erste-Hilfe-Maßnahme: Selbstschutz beachten und umgehend Arzt verständigen.
Nach Augenkontakt: 10 Minuten unter fließendem Wasser bei gespreizten Lidern spülen oder Augenspüllösung nehmen. Immer Augenarzt aufsuchen!
Nach Hautkontakt: Verunreinigte Kleidung sofort ausziehen. Mit viel Wasser und Seife reinigen.
Nach Einatmen: Frischluft!
Nach Verschlucken: Kein Erbrechen herbeiführen. In kleinen Schlucken viel Wasser trinken lassen. Keine Hausmittel.
Ersthelfer: Patrick Hilfmir, Telefon intern: 16, Telefon mobil: 0171 / 23456789

Sachgerechte Entsorgung

Nicht in Regenwasserkanalisation gelangen lassen.
Zur Entsorgung sammeln in: Originalgebinde

Abb. 3/2: Betriebsanweisung

- Informationen über Maßnahmen, die von den Beschäftigten, insbesondere von Rettungsmannschaften, bei Betriebsstörungen, Unfällen und Notfällen und zur Verhütung von diesen durchzuführen sind,
- R- und S-Sätze [H- und P-Hinweise].

3.2.3 R- und S-Sätze/H- und P-Hinweise

Bezeichnungen besonderer Gefahren (R-Sätze) weisen auf Eigenschaften eines Stoffes hin, die nicht als Symbol gekennzeichnet sind. Auch bei den R- und S-Sätzen gibt es durch die GHS-Verordnung Änderungen. Die R-Sätze werden zukünftig durch H-Hinweise (Hazard-Statements) und die S-Sätze durch P-Hinweise (Precautionary-Statements) ersetzt.

Durch die H-Hinweise werden die Gefahren besser und eindeutiger beschrieben als dies bei den R-Sätzen möglich war.

Beispiele für R-Sätze/H-Hinweise:

R10 Entzündlich; z. B. H226 Flüssigkeit und Dampf entzündbar

R22 Gesundheitsschädlich beim Verschlucken; H302 Gesundheitsschädlich beim Verschlucken

R34 Verursacht Verätzungen; H314 Verursacht schwere Verätzungen der Haut und schwere Augenschäden

R38 Reizt die Haut; H315 Verursacht Hautreizungen

Sicherheitsratschläge (S-Sätze/P-Hinweise) geben Hinweise auf Vorsichtsmaßnahmen beim Umgang mit Gefahrstoffen.

Beispiele für S-Sätze/P-Hinweise:

S2 Darf nicht in die Hände von Kindern gelangen; P102 Darf nicht in die Hände von Kindern gelangen.

S16 Von Zündquellen fernhalten, nicht rauchen; P210 Von Hitze/Funken/offener Flamme/heißen Oberflächen fernhalten. Nicht rauchen.

S24 Berührung mit der Haut vermeiden; P262 Nicht in die Augen, auf die Haut oder auf die Kleidung gelangen lassen.

S39 Schutzbrille/Gesichtsschutz tragen; P280 Schutzhandschuhe/Schutzkleidung/Augenschutz/Gesichtsschutz tragen.

R- und S-Sätze werden oft auch kombiniert angegeben. Dies wird es in ähnlicher Form auch bei den H- und P-Hinweisen geben.

Beispiele:

R20/22	Gesundheitsschädlich beim Einatmen und Verschlucken.
R36/37	Reizt die Augen und die Atmungsorgane.
S1/2	Unter Verschluss und für Kinder unzugänglich aufbewahren.
S37/39	Bei der Arbeit geeignete Schutzhandschuhe und Schutzbrille/Gesichtsschutz tragen.

3.3 Persönliche Schutzausrüstung

Können für die Gefahrstoffe keine Ersatzstoffe gefunden werden und durch technische oder organisatorische Verfahren kein ausreichender Gesundheitsschutz geboten werden, müssen persönliche Schutzmaßnahmen ergriffen werden.

Zu der persönlichen Schutzausrüstung (PSA) gehören:

- Schutzbrille bzw. Helm mit Visier,
- Schutzhandschuhe,
- Gummistiefel,
- Schutzkleidung,
- Hautschutzcreme.

Der Arbeitgeber muss seinen Mitarbeitern die persönliche Schutzausrüstung zur Verfügung stellen. Bei der Auswahl der PSA ist auf die CE-Kennzeichnung zu achten. Im gesamten EU-Raum darf keine PSA ohne CE-Kennzeichnung hergestellt und verwendet werden. Hinzu kommt noch die Einteilung in drei Kategorien je nach Schutzfunktion der PSA. Für Kategorie I und II reicht die CE-Kennzeichnung aus, für die Kategorie III kommt zur CE-Kennzeichnung noch eine vierstellige Kennnummer der gemeldeten Stelle hinzu. Chemikalienschutzhandschuhe gehören zur Kategorie III.

Haut- und Handschutz

Bei sämtlichen Reinigungsarbeiten müssen Schutzmaßnahmen für die Haut durchgeführt werden. Der Hautschutzplan sollte nach dem Drei-Punkte-Programm durchgeführt werden:

- Spezieller Hautschutz vor der Arbeit,
- Hautreinigung nach der Arbeit,
- Hautpflege nach der Arbeit.

Von Bedeutung sind hier die DIN EN 420 „Schutzhandschuhe – Allgemeine Anforderungen und Prüfverfahren“ (enthält die wichtigsten Piktogramme für die Spezialnormen der Handschuhe) sowie die EN 374, Teil 1–3 „Schutzhandschuhe gegen Chemikalien und Mikroorganismen“. Werden während der Arbeit die richtigen Chemikalien-Schutzhandschuhe getragen, lassen sich viele Hauterkrankungen vermeiden.

Für die Tätigkeiten in der Gebäudereinigung ist das Tragen von Handschuhen unerlässlich. Schon der Umgang mit Wasser führt auf Dauer zu Schäden der Haut, da diese durch das Wasser aufquillt und die natürliche Barriere – der Säureschutzmantel – entfernt wird. Deshalb ist auch bei Feuchtarbeiten mit klarem Wasser von mehr als zwei Stunden das Tragen von geeigneten Schutzhandschuhen vorgeschrieben.

Wird hingegen weniger als zwei Stunden mit Mikrofasertüchern ohne Reinigungschemie gearbeitet, gibt es diesbezüglich noch keine Vorschriften, obwohl gerade hierbei die Haut sehr stark entfettet wird.

Beim Umgang bzw. möglichem Handkontakt mit Chemie bzw. Reinigungsmitteln ist das Tragen geeigneter Handschuhe generell vorgeschrieben. Welche Handschuhe geeignet sind, steht im Sicherheitsdatenblatt unter Punkt 8 „Expositionsbegrenzung und persönliche Schutzausrüstungen“. Grundsätzlich sollten Handschuhe mit Stulpen zum Einsatz kommen. Diese sollten am Ende umgeschlagen werden, damit keine Flüssigkeit auf die Arme und in den Handschuh fließen kann. Bei längerem Arbeiten mit Handschuhen empfiehlt sich das Tragen von Unterziehhandschuhen aus Baumwolle. Ebenso sollten die Handschuhe nach zwei Stunden Tragezeit gegen ein weiteres Paar getauscht werden.

Weitere Hilfe und Informationen bekommt man über das Gefahrstoffinformationssystem der BG BAU (GISBAU). Die GISBAU hat in ihrer Schutzhandschuh-Datenbank WINGIS schon für viele Produktgruppen Empfehlungen gegeben.

Der Verzicht auf Handschuhe ist keine Bagatelle und immer wieder muss den Mitarbeitern klar gemacht werden, dass das Tragen von Handschuhen keine Schikane ist, sondern ihrer eigenen Gesundheit dient. Für das Tragen von Handschuhen muss eine Betriebsanweisung erstellt werden und es muss diesbezüglich regelmäßig geschult werden.

Augenschutz

Viele Behandlungsmittel werden in hochkonzentrierter Form angeliefert und erst zur Verwendung verdünnt. Hierbei bestehen die größten Gesundheitsgefahren. Beim Ansetzen einer Lösung können leicht Spritzer in die Augen gelangen, so dass es bei aggressiven Behandlungsmitteln zu einer Schädigung des Auges kommen kann. Aus diesem Grund sollte beim Verdünnen immer eine Schutzbrille getragen werden. Auch hier sind die Angaben im Sicherheitsdatenblatt (Punkt 8 Expositionsbegrenzung und persönliche Schutzausrüstung) zu beachten.

3.4 Überwachungspflicht

Aus den vorgenannten Punkten ergibt sich für den Arbeitgeber eine Überwachungspflicht. Hierzu zählt u.a. die Überwachung der Arbeitsplatzgrenzwerte (AGW). In der GefStoffV wird der AGW folgendermaßen definiert: Der Grenzwert für die zeitlich gewichtete durchschnittliche Konzentration eines Stoffes in der Luft am Arbeitsplatz in Bezug auf einen gegebenen Referenzzeitraum. Er gibt an, bei welcher Konzentration eines Stoffes akute oder chronische schädliche Auswirkungen auf die Gesundheit im Allgemeinen nicht zu erwarten sind. Werden für den Einsatz von Verfahren die technischen Maßgaben eingehalten, sind keine weiteren Messungen notwendig. Wird aber von diesen Vorgaben abgewichen, müssen Messungen durchgeführt werden, welche belegen, dass die Grenzwerte nicht überschritten werden. Die Grenzwerte für Stoffe werden in der TRGS 900 veröffentlicht.

3.5 Lagerung von Gefahrstoffen

Die Anforderungen an die Lagerhaltung von Gefahrstoffen sind abhängig von der eingelagerten Menge und der Art des Gefahrstoffs, sodass die Lagerung im Objekt aufgrund der geringen Menge meist unproblematisch ist.

Gefahrstoffe dürfen nur an dafür geeigneten Orten gelagert werden. Wichtigste Grundlage bei der Beurteilung sind die Sicherheitsdatenblätter. Hier werden unter Punkt 7 „Handhabung und Lagerung" wichtige Anforderungen für die Lagerung des Gefahrstoffs, wie z.B. spezielle Anforderungen an Lagerräume oder -behälter, Temperatur u.a. aufgeführt.

Durch die Lagerung von Gefahrstoffen darf es zu keiner Gefährdung für die Beschäftigten oder andere Personen kommen. Insbesondere sind die Zusammenlagerungsverbote zu beachten, wenn es durch unterschiedliche Gefahrstoffe zu gefährlichen Vermischungen kommen kann. Gefahrstoffe müssen für Unbefugte unzugänglich aufbewahrt werden. Sie dürfen nicht in Behältern aufbewahrt werden, die aufgrund der Bezeichnung oder Form mit Lebensmitteln verwechselt werden können. Außerdem dürfen sie nicht in unmittelbarer Nähe zu Arzneimitteln, Lebens- oder Futtermitteln oder deren Zusatzstoffen aufbewahrt oder gelagert werden.

4 Ausstattung und Einrichtung

4.1 Allgemeine Grundlagen

Das Leistungsverzeichnis und die Leistungsbeschreibung bilden die Grundlage für die Reinigung von Ausstattung und Einrichtung. Zur Reinigung von Einrichtung und Ausstattung werden folgende Methoden angewandt:

- Reinigungstuch und Eimer mit Reinigungsflotte:
  - Reinigungstuch wird immer wieder in die Reinigungsflotte eingetaucht, darin ausgewaschen und ausgewrungen;
- Schaumspender-/Sprühflaschen statt Eimer mit Reinigungsflotte:
  - zunächst hohe Anschaffungskosten für Tücher und Sprühflaschen,
  - stets saubere Reinigungsflotte,
  - kein Dosierproblem,
  - geringe Rüstzeiten,
  - auswaschen der Tücher im Eimer entfällt,
  - Zeitersparnis (Arbeitsweise nach der 16-Seiten-Tuchfaltmethode),
  - wirtschaftlich, die Kosten für die Tücher amortisieren sich aufgrund der rationelleren Arbeitsweise schnell,
  - geringerer Verbrauch von Reinigungsflotte (kein Ausschuss),
  - optimale Hygiene, die Oberflächen werden stets mit sauberer Reinigungsflotte und einer sauberen Tuchfläche gereinigt;
- Präparierte Wischtücher in einer Box bzw. im Eimer:
  - wie oben, jedoch werden die Tücher durch manuelles Übergießen oder über eine spezielle Waschmaschine imprägniert bzw. mit Reinigungslösung präpariert,
  - Tücher für unterschiedliche Bereiche erfordern ggf. eine unterschiedliche Präparierung/Behandlung, d. h., bei Präparierung in der Waschmaschine muss dann sortenrein gewaschen werden.

Vier-Farben-System

Neben der Sauberkeit hat die Hygiene eine besondere Bedeutung. Heutzutage ist es Standard, Reinigungsutensilien entsprechend ihrem Einsatzbereich farblich getrennt einzusetzen, um so zu vermeiden, dass z. B. ein Tuch, welches zuvor für die Toilette benutzt wurde, danach für die Schreibtischreinigung verwendet wird.

In der Praxis sind für Reinigungsutensilien (kratzfreie Padschwämme, Raumpflege-, Mikrofasertücher, Eimer etc.) folgende Farben üblich:

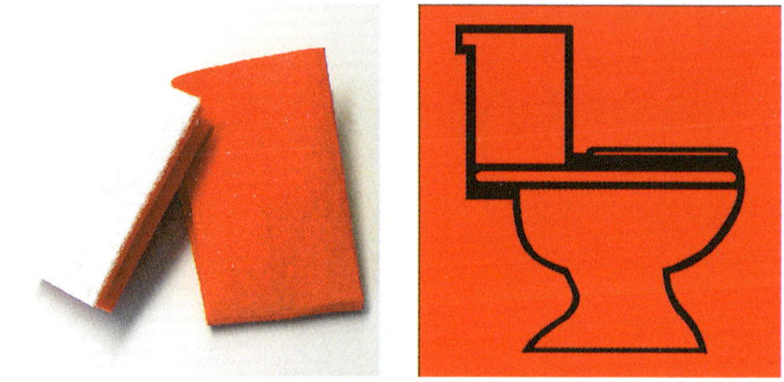

WC-Becken, Urinale, Fliesen im direkt angrenzenden Bereich („Spritzbereich“)

Restlicher Sanitärbereich bzw. sanitäre Einrichtungen (Waschbecken, Armaturen, Ablagen, Fliesenwände, Trennwände, Türen etc.)

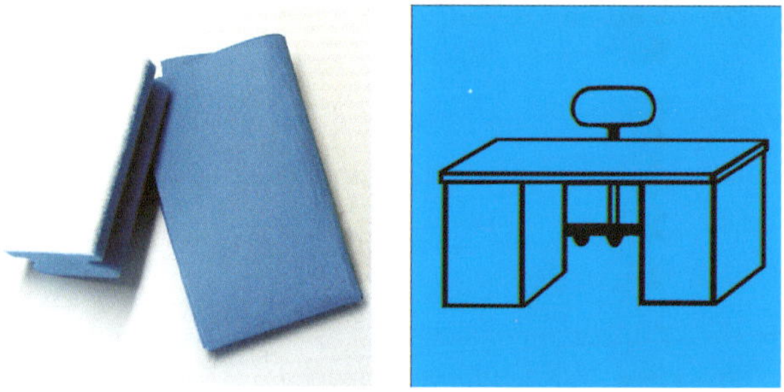

Übrige Ausstattungs- und Einrichtungsgegenstände (Schreibtische, Schränke, Türen, Heizkörper, Fensterbänke, Stühle etc.)

Für besondere Zwecke, z. B. Einsatz im Küchenbereich

Abb. 4/1: Hygienische Reinigung nach dem Vier-Farben-System

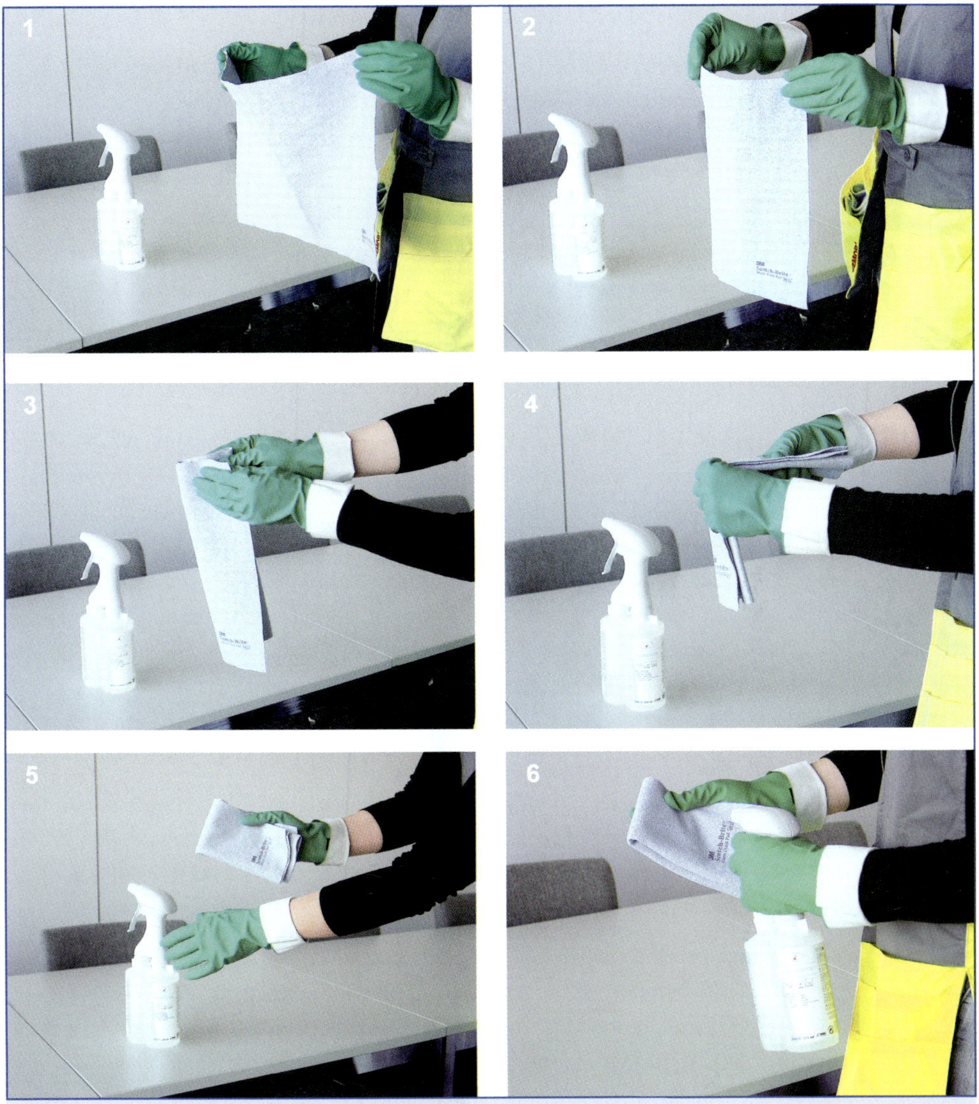

■ Abb. 4/2: 16-Seiten-Tuchfaltmethode

Reinigen nach der 16-Seiten-Tuch-Faltmethode

Die Entwicklung tendiert zu einer hygienischen, ergonomischen, rationellen, wirtschaftlichen und ökologisch vertretbaren Reinigung. Dies wird durch neu entwickelte Methoden, wie beispielsweise durch das richtige Falten der Reinigungstücher, erreicht.

4.2 Reinigung von Gegenständen der Raumausstattung und Einrichtung

Abfallbehälter (Papierkörbe) werden i.d.R. täglich entleert. Kunststoffbeutel verhindern eine starke Anschmutzung der Behälter. Die Beutel werden täglich entleert und bei Bedarf (Beschädigungen, starke Verschmutzungen etc.) ausgewechselt. In gewissen Zeitabständen werden die Behälter nass gereinigt.

Aschenbecher gibt es aus Glas, Kunststoff, Metall etc. Bei der Unterhaltsreinigung sind sie täglich zu entleeren und mit einem Reinigungstuch auszuwischen. Vor dem Entleeren in den Restmüll ist unbedingt darauf zu achten, dass sich keine Glut im Aschenbecher befindet, da sonst die Gefahr eines Brandes entsteht. Am besten ist es, wenn der Inhalt des Aschenbechers zunächst in einem feuerfesten Metallbehälter (am bzw. auf dem Gerätewagen) gesammelt wird.

Beleuchtungskörper werden bei der laufenden Reinigung mit einem Staubtuch oder Staubmopp entstaubt. Wenn nötig, werden die Schutzgläser feucht abgewischt (Licht vorher ausschalten und abkühlen lassen). Eine gründliche Reinigung sollte ein- bis zweimal jährlich erfolgen, wobei auch die Reflektoren gereinigt werden. Achtung: Bei hochglanzverspiegelten Reflektoren sollten keine Mikrofasertücher zum Einsatz kommen, da diese metallbedampfte Spiegelflächen beschädigen können. Solche Reflektoren werden entweder ausgebaut und in einem Ultraschallbad gereinigt oder vorsichtig mit weichen Baumwolltüchern (z. B. Trikotqualität) und Reinigungsalkohol bzw. Spiritus abgewischt.

Bilderrahmen können aus verschiedenen Materialien, wie z. B. Holz, Kunststoff, Metall, lackierten sowie bronzierten Flächen etc. bestehen. Bei der laufenden Reinigung und Pflege werden sie i. d. R. ein- bis zweimal monatlich entstaubt. Mit dem Staubtuch oder Staubmopp lassen sich nur glatte Flächen der Bilderrahmen entstauben. Sind die Bilderrahmen strukturiert, so ist es empfehlenswert, diese vorsichtig mit dem Staubsauger unter Verwendung der Pinseldüse zu entstauben. Verglaste Bilder reinigt man wie Spiegel.

Büromaschinen und -geräte sind beispielsweise Computer, Bildschirme, Tastaturen, Kopiergeräte usw. Die Entstaubung hat so zu erfolgen, dass Bedienungselemente der Büromaschinen nicht verstellt bzw. beschädigt werden. Bildschirme werden mit einem Antistatiktuch abgewischt. Für die Bildschirm- und Tastaturenreinigung werden spezielle Mittel und Utensilien (z. B. Spezialschwämme etc.) angeboten. Sehr gut bewährt haben sich auch Reinigungstücher aus Mikrofasern, die leicht angefeuchtet zum Einsatz kommen. Insbesondere Bildschirme sowie Tastaturen lassen sich damit problemlos reinigen.

Computer und Telefone werden i. d. R. im Rahmen einer Sonderreinigung gereinigt. Die Reinigung dieser Geräte gilt als ein Spezialgebiet der Gebäudereinigung. Dabei ist zu beachten, dass die zu reinigenden Geräte ausgeschaltet (ggf. Stromzufuhr unterbrechen) bzw. ohne Funktion sind und dass stets nur mit leicht angefeuchteten Tüchern gearbeitet wird.

Fensterbänke können aus verschiedenen Materialien, wie z. B. Natur- und Kunststein, Metall, Kunststoff und Holz bestehen. Bei der laufenden Reinigung werden sie meist wöchentlich oder 14-tägig mit dem feuchten Raumpflegetuch gereinigt. Haftende Verschmutzungen von Blumentöpfen werden durch Nasswischen mit einem Reinigungstextil – evtl. unter Benutzung eines kratzfreien Schwamms bzw. Handpads (weiß) – beseitigt. Bei polierten Fensterbänken aus Marmor oder Jura darf die Politur nicht durch abrasive Behandlungsmittel zerkratzt werden. Ränder von Blumentöpfen auf Fensterbänken können oft nur sehr schwer entfernt werden. Kalk- und Rostablagerungen lassen sich nicht ohne Materialzerstörung von polierten Kalksteinen (Marmor, Jura, Muschelkalk etc.) beseitigen. Vorsorglich behandelt man die Fensterbank (Absprache mit dem Auftraggeber ist erforderlich) hauchdünn mit einer Pflegedispersion. Das gute Aussehen der Fensterbank kann so langfristig gewährleistet werden. Eventuelle Ablagerungen können auf einer so präparierten Fläche mit einem schwach sauer eingestellten Reinigungsmittel entfernt werden, ohne dass der polierte Kalkstein matt und stumpf wird.

Handläufe an Treppengeländern können aus Metall, Kunststoff, Holz oder aus lackierten Flächen bestehen. Sie werden bei der laufenden Reinigung mit einem Mikrofasertuch feucht gereinigt.

Mobiliaroberflächen können eine unterschiedliche Beschaffenheit haben wie z. B.:

- versiegeltes (lackiertes) Holz,
- unversiegeltes Holz,
- kunstharzbeschichtete Oberflächen.

Lackierte Flächen kommen bei vielen Gegenständen vor. Der Einsatz organischer Lösemittel (z. B. Schreibtischreiniger) muss vorab an einer unauffälligen Stelle getestet werden. Auch der Einsatz von Wasser ist nicht auf allen lackierten Oberflächen uneingeschränkt möglich. Die Flächen sind auch gegen mechanisch wirkende Reinigungsmittel und -utensilien (z. B. Scheuermittel, harte Pads bzw. Padschwämme, Stahlwolle) empfindlich. Bei intakter Lackierung können diese Oberflächen mit Reinigungstüchern feucht oder nass (mit anschließender Nachtrocknung) gereinigt werden. Vorsicht ist geboten bei hochglanzlackierten Flächen. Diese können gegenüber dem Einsatz von Mikrofasertüchern empfindlich sein.

Unversiegelte Holzoberflächen dürfen nur entstaubt werden. Dazu eignen sich gründlich entwässerte oder trockene Mikrofasertücher, Staubtücher, speziell präparierte Staubbindetücher, Staubmopps, Staubsauger mit Pinseldüsen etc. Die unversiegelten Oberflächen sind feuchtigkeitsempfindlich. Geölte und gewachste Holzoberflächen müssen bei Bedarf nachgepflegt werden. Hierzu eignen sich Möbelpolituren oder spezielle Holz-Pflegeöle.

Kunstharzbeschichtete Flächen (melaminharz- bzw. polyesterharzbeschichtet) sind zu finden bei Küchen-, Büro- und Wohnmöbeln sowie Trennwänden und Türen. Aufliegende Verschmutzungen (z. B. Staub) werden mit einem feuchten Reinigungstuch (vorzugsweise Mikrofasertuch bzw. PU-beschichtetes Mikrofasertuch) entfernt. Zur Beseitigung von Filz- und Kugelschreiberverschmutzungen gibt es spezielle Reinigungsmittel (Graffiti-Entferner bzw. Schreibtischreiniger), die auf die Oberfläche abgestimmte wasserlösliche Lösemittel enthalten. Kunstharzbeschichtete Flächen – oft auch mit apfelsinenartiger Oberflächenstruktur – sind sehr anfällig gegenüber Griffspuren. Diese fetthaltigen Verschmutzungen können im Laufe der Zeit in die Kunststofffläche einwandern. Diese Verschmutzungen lassen sich oft nur mit großem Aufwand beseitigen und wischspurenfrei reinigen. Zur Reinigung eignen sich am besten Alkoholreiniger oder tensidfreie Reiniger auf Komplexbildnerbasis mit Mikrofasertüchern.

Größere Flächen wie z. B. Türen, Trennwände etc. reinigt man rationell, indem die Oberflächen mit dem Einwascher (Strip) eingewaschen und anschließend mit dem Fensterwischer abgezogen werden. Um das an den Oberflächen ablaufende Wasser aufzufangen (und z. B. Teppichböden nicht zu verschmutzen), legt man Wischbezüge oder ein Malervlies auf den Boden. Durch das Abziehen mit dem Fensterwischer können Wischspuren vermieden werden. Abrasive Handpads, Scheuerschwämme und scheuermittelhaltige Reinigungsmittel (Scheuermilch) können auf kunstharzbeschichteten Flächen Kratzer verursachen, deshalb sollten stattdessen nur kratzfreie Schwämme mit weißem Pad eingesetzt werden.

Heizkörper werden zur Staubbeseitigung mit feuchten Reinigungstüchern, speziellen Heizkörperbürsten und Staubmopps bearbeitet. Haftende Verschmutzungen lassen sich mit einem Allzweckreiniger oder Alkoholreiniger leicht unter Verwendung eines Reinigungstuchs bzw. mittels kratzfreier Schwämme beseitigen.

Gepolsterte Sitzmöbel können unterschiedliche Überzüge haben. Vorwiegend bestehen diese Materialien aus Textilien, echtem Leder oder Synthetikleder.

Polstermöbel mit textilem Überzug werden bei Bedarf durch Staubsaugen entstaubt. Haftende Verschmutzungen können manchmal durch Bürsten mit einer Polsterbürste beseitigt werden. Polstermöbel können grundsätzlich ähnlich wie die Teppichböden gereinigt werden. Bei Bezügen aus Rohleinen ist Vorsicht geboten. Die Feuchtigkeit von tensidhaltigen Lösungen kann den Naturfarbstoff des Leinenstoffs aktivieren. Durch die Kapillarwirkung neigt der Farbstoff zum Ausbluten, wobei gelbliche bis gelbbraune Flecken entstehen können. Die Fleckenbildung kann vermieden werden, wenn der Reinigungslösung ein bleichend wirkendes Mittel (Wasserstoffperoxid) zugegeben wird.

Eine Durchnässung der Holzteile kann Stockflecken verursachen, die sich nur mit großem Aufwand bzw. gar nicht mehr entfernen lassen. Enthält das Möbelstück Holzteile, so werden diese mit Möbelpflegemitteln nachgearbeitet. Eine schmutzabweisende Imprägnierung des Polsterstoffes erleichtert die Fleckentfernung. Meist erzielt man bereits durch die Bearbeitung mit einem angefeuchteten Aktiv- oder Mikrofaserhandpad einen guten Reinigungseffekt.

Dieser kann unter Zuhilfenahme eines tensidfreien Reinigers auf Komplexbildnerbasis noch verstärkt werden.

Polstermöbel mit Überzug aus echtem Leder brauchen eine sehr sorgfältige Pflege. Leder, dem das Fett entzogen wurde (z. B. beim Reinigen), muss wieder in richtigem Maße nachgefettet werden, damit es nicht spröde und brüchig wird. Zu stark eingefettetes Leder wird dunkel. Außer Silikonöl darf nur tierisches oder pflanzliches Fett oder Öl verwendet werden; mineralische Öle und Fette machen das Leder brüchig. Fettflecken oder Verunreinigungen durch kosmetische Mittel lassen sich durch einen Auftrag von Talkum bei entsprechender Einwirkzeit entfernen. Im Fachhandel werden auch spezielle Leder-Radiergummis angeboten. Polsterleder haben heute vielfach eine Imprägnierung, die sowohl gegenüber wässrigen Verschmutzungen (Getränkeflecken) als auch gegenüber öl- und fetthaltigen Verschmutzungen einen Schutz bietet, und so wird der Reinigungsaufwand erheblich reduziert. Bei der Polsterpflege sind die Angaben des Herstellers zu beachten. Es ist empfehlenswert, die im Handel angebotenen Leder-Pflegemittel zu verwenden. Bei der Reinigung und Pflege muss die Kratzempfindlichkeit des Leders berücksichtigt werden. Außerdem kann eingefärbtes Leder bei der Verwendung lösemittelhaltiger Reiniger abfärben.

Überzüge aus Synthetikleder sind Erzeugnisse mit lederähnlichem Aussehen, die zugleich lederähnliche Eigenschaften besitzen und anstelle von Leder verwendet werden können. Synthetikleder reinigt man durch Feucht- oder Nasswischen mit einem Allzweck- oder Alkoholreiniger. Lösemittel oder lösemittelhaltige Reiniger dürfen nicht ohne weiteres verwendet werden, hier ist unbedingt eine Vorprobe auf Beständigkeit zu machen.

Spiegel können i. d. R. ohne zusätzliche Verwendung von Reinigungsmitteln mit einem leicht feuchten (gelben) Mikrofasertuch bzw. einem PU-beschichteten Mikrofasertuch streifenfrei gereinigt werden. Alternativ kann bei Bedarf zusätzlich ein Alkohol- oder Glasreiniger verwendet werden.

Telefongeräte werden meist wöchentlich mit einem leicht feuchten Reinigungstuch (vorzugsweise Mikrofasertuch bzw. PU-beschichtetes Mikrofasertuch) gereinigt. Die Unterhaltsreinigung moderner Telefone (mit vielen Tasten) beschränkt sich i. d. R. nur noch auf den Hörer.

Türen werden i. d. R. wöchentlich mit einem Reinigungstuch (vorzugsweise Mikrofasertuch bzw. PU-beschichtetes Mikrofasertuch) feucht gereinigt. Dabei werden Griffspuren und sonstige Verschmutzungen entfernt. Gegebenenfalls empfiehlt sich ein Nachpolieren der Türklinken.

Waschbecken und Armaturen werden mit einem kratzfreien gelben Padschwamm nass bearbeitet. Durch die mechanische Wirkung des kratzfreien Schwamms in Verbindung mit einem Alkohol-, Allzweck-, Neutral- oder tensidfreien Reiniger auf Komplexbildnerbasis kann man weitgehend den Aufbau von Kalkablagerungen verhindern und beseitigt ohne großen

Aufwand Kalkseifenreste und Fettverschmutzungen. Bei stärkeren Kalkablagerungen müssen saure Sanitärunterhaltsreiniger eingesetzt werden – in diesem Fall ist ein gründliches Nachspülen der Armaturen mit klarem Wasser erforderlich, um Schäden zu vermeiden. Anschließend werden die nass gereinigten Oberflächen mit einem stark entwässerten Reinigungstuch (vorzugsweise Mikrofasertuch bzw. PU-beschichtetes Mikrofasertuch) nachgetrocknet.

Tapeten sind Wandverkleidungen, meist aus bedrucktem Papier in glatter oder reliefartiger Ausführung. Auch andere Materialien, wie z. B. textile Fasern, Glasfasern, Kunststoff etc. kommen zum Einsatz. Je nach Art unterscheidet man abwaschbare und nicht abwaschbare Tapeten.

Vor Beginn der Reinigung wird eine Prüfung auf die Abwaschbarkeit vorgenommen. Dazu macht man an einer wenig in Erscheinung tretenden Stelle eine kleine Probe mit einem angefeuchteten Tuch. Wird die Farbe an der Stelle dunkler, weil sie die Feuchtigkeit aufnimmt oder löst sich die Farbe bzw. die Tapete selbst ab, kommt keine feuchte Behandlung in Frage. Nicht abwaschbare Tapeten reinigt man mit einem trockenen Tuch bzw. einem Staubmopp. Manche Flecken lassen sich auch vorsichtig mit einem Radiergummi oder durch eine spezielle Knetmasse beseitigen.

Abwaschbare Tapeten reinigt man bei geringen Verschmutzungen ohne Reinigungsmittelzusatz mit einem feuchten Reinigungstuch in senkrechter Richtung, damit man ein Anlösen der Nähte verhindert. Bei stärkeren Verschmutzungen setzt man der Reinigungsflotte einen Allzweckreiniger oder einen tensidfreien Reiniger auf Komplexbildnerbasis zu. Man reinigt vorsichtig, um ein Ablösen der Tapeten zu verhindern.

4.3 Besonderheiten bei der Sanitärreinigung

4.3.1 Grundlagen der Sanitärhygiene

Sanitärräume ist ein Überbegriff für verschiedene Räume, deren Gemeinsamkeit es ist, dass die Sauberkeit eine besonders große Rolle spielt.

Beispiele für Sanitärräume:

- Toiletten,
- Duschräume,
- Waschräume,
- Bäder.

Sanitärräume sind aus folgenden Gründen als kritische Bereiche der Gebäudereinigung anzusehen:

- Sanitärräume werden relativ stark frequentiert. Da viele Oberflächen einem direkten Hautkontakt von vielen Personen unterliegen, besteht die Gefahr der Keimverschleppung bzw. ein erhöhtes Infektionsrisiko im Vergleich zu anderen Raumgruppen.
- Mikroorganismen (Bakterien, Pilze) finden im Sanitärbereich optimale Lebens- bzw. Vermehrungsbedingungen durch Wärme, Feuchtigkeit, organische Verschmutzungen (Hautfett, Seifenrückstände, Exkremente etc.) als Nährstoff und schwer zugängliche Stellen zur Reinigung.
- Spezielle Verschmutzungen müssen entfernt werden, wie z. B. Kalkablagerungen, Urinstein, Exkremente, Rost und Braunstein.
- Es kommen aggressive Reinigungsmittel zum Einsatz, die verschiedenste Oberflächen beschädigen können.

Abb. 4/3: Sanitärreinigung (Quelle: Kimberly-Clark)

Typische Verschmutzungen im Sanitärbereich, die sich mit sauren Sanitärreinigern entfernen lassen sind z. B.:

- Kalkablagerungen bzw. Kalkverkrustungen,
- Urinstein,
- Rostflecken,
- leichte Fettverschmutzungen (Hautfett),
- leichte Ablagerungen von Kalkseife.

Umweltorientierte saure Sanitärreiniger

Umweltorientierte kalklösende Reinigungsmittel enthalten meist Amidosulfonsäure oder Methansulfonsäure und/oder Zitronensäure bzw. Milchsäure. Um hartnäckige Kalkverkrustungen oder Urinstein zu lösen, kommen phosphorsäurehaltige Produkte – sogenannte Sanitärgrundreiniger oder flüssige WC-Reiniger – zum Einsatz. Vor der Anwendung saurer Mittel müssen säureempfindliche Zementfugen der Wand- und Bodenfliesen gründlich vorgewässert werden. Grundsätzlich greift jedes saure Mittel Zementfugen an, sodass es empfehlenswert ist, solche Produkte nur so oft einzusetzen, wie es unbedingt erforderlich ist. Es gibt auch säurebeständige Fugen aus Epoxidharz, wo diese Problematik nicht gegeben ist.

Säureempfindliche Materialien:

- Zementfugen,
- unedle Metalle (Armaturen etc.),
- farbige Kunststoffteile (WC-Brillen, Halterungen/Griffe, kunststoffbeschichtete Trennwände etc.),
- kalkgebundene Steine (Marmor, Jura, Solnhofener Platten, Terrazzo bzw. Betonwerkstein etc.),
- emaillierte Flächen (Waschbecken, Duschwannen etc.).

Um vor allem im Dusch- und Bäderbereich einen optimalen Reinigungseffekt zu gewährleisten und gleichzeitig einer Schimmelpilzbildung vorzubeugen, empfiehlt es sich, neben der sauren Reinigung zur Entfernung mineralischer Verschmutzungen, im täglichen Wechsel eine alkalische Reinigung durchzuführen. Dadurch werden auch hartnäckigere organische Verschmutzungen (Hautfettablagerungen, Hautabrieb, Rückstände von Hautcreme, Öl- und Fettschmutz aus Produktionsanlagen etc.) effektiv entfernt. Verschmutzungen wie z. B. Graffiti, Rohrverstopfungen oder Schimmelpilzbefall erfordern die Anwendung von Spezialmitteln.

Vgl. Kapitel 2.4 Produkte zur Sanitärreinigung.

4.3.2 Reinigungsempfehlung für Sanitärarmaturen

Reinigungsplanung im öffentlich-gewerblichen Bereich

Die Reinigungsplanung ist Voraussetzung für die Wahl eines zur Reinigung geeigneten Mittels und der dazugehörigen Verfahren und sollte zumindest berücksichtigen:

- Einsatzort,
- Reinigungsfrequenz und -tiefe (Grund- oder Unterhaltsreinigung),
- Art der installierten Produkte (Grund- und Oberflächenmaterialien),
- Zustand der installierten Produkte.

Oberflächen von Sanitärarmaturen

Die am häufigsten vorkommende Vergütungsschicht einer Sanitärarmatur ist die Chrom-Nickel-Oberfläche entsprechend den Anforderungen nach DIN EN 248. Darüber hinaus werden als Oberflächenmaterialien verwendet:

- Edelstahl,
- Kunststoffe einschließlich Pulver- und Nasslacke,
- eloxiertes Aluminium,
- PVD-Beschichtungen (PVD = Physical Vapour Deposition; metallisch wirkende Hartstoffbeschichtungen),
- galvanische Sonderoberflächen wie Gold, Aranja.

Farbige, nichtmetallische Oberflächen – mit Ausnahme von PVD-Beschichtungen – sind grundsätzlich empfindlicher als metallische, insbesondere gegen Verkratzen. Vor Beginn der Reinigung ist es daher unbedingt erforderlich, die Art der zu reinigenden Oberflächen genau zu bestimmen.

Reinigungsmittel für Sanitärarmaturen

Säuren sind als Bestandteil von Reinigern zur Entfernung von starken Kalkablagerungen unbedingt erforderlich. Bei der Armaturenpflege gilt jedoch grundsätzlich zu beachten, dass

- nur die Reinigungsmittel eingesetzt werden, die für diesen Anwendungsbereich ausdrücklich vorgesehen sind,
- keine Reiniger zur Anwendung gelangen, die Salzsäure, Ameisensäure oder Essigsäure enthalten, da diese zu erheblichen Schäden führen können,
- auch phosphorsäurehaltige Reiniger nicht uneingeschränkt anwendbar sind,
- chlorbleichlaugehaltige Reiniger nicht angewendet werden dürfen,
- das Mischen von Reinigungsmitteln generell nicht zulässig ist,
- die Verwendung abrasiv wirkender Reinigungshilfsmittel und Geräte wie untaugliche Scheuermittel und Padschwämme ausgeschlossen ist.

Reinigung von Sanitärarmaturen

Die Gebrauchsanweisungen der Reinigungsmittelhersteller sind unbedingt zu befolgen.

Generell ist zu beachten, dass

- die Reinigung bedarfsgerecht durchzuführen ist,
- Dosierung und Einwirkdauer den objektspezifischen Erfordernissen anzupassen sind und das Reinigungsmittel nie länger als nötig einwirken darf,
- dem Aufbau von Verkalkungen durch regelmäßiges Reinigen vorzubeugen ist,
- vorhandene Kalkablagerungen ggf. durch direkten Produktauftrag entfernt werden,
- bei der Sprühreinigung die Reinigungslösung keinesfalls auf die Armaturen, sondern auf das Reinigungstextil (Tuch/Schwamm) aufzusprühen und damit die Reinigung durchzu-

führen ist, da die Sprühnebel in Öffnungen und Spalten der Armaturen eindringen und Schäden verursachen können,

- nach der Reinigung ausreichend mit klarem Wasser nachgespült werden muss, um Reinigungsmittelrückstände restlos zu entfernen.

Wichtige Hinweise

Auch Körperpflegemittelrückstände wie Flüssigseifen, Shampoos und Duschgele können Schäden verursachen. Auch hier gilt: Nach der Benutzung die Rückstände sorgfältig mit Wasser nachspülen. Bei bereits beschädigten Oberflächen kommt es durch Einwirken der Reinigungsmittel zum Fortschreiten der Schäden.

Quelle: Auszug aus der Reinigungsempfehlung für Sanitärarmaturen, gemeinsam erarbeitet durch den IHO (Industrieverband Hygiene und Oberflächenschutz) und dem VDMA (Verband Deutscher Maschinen- und Anlagenbau), Fachverband Armaturen mit Unterstützung der FRT (Forschungsgemeinschaft Reinigungs- und Pflegetechnologie).

4.4 Reinigungsutensilien/Geräte

Gerätewagen

Der Transport- und Gerätewagen ist als Transportsystem eine unentbehrliche Arbeitshilfe bei der Ausführung der Unterhaltsreinigung. Er dient als Ver- und Entsorgungsstation. Das Reinigungspersonal hat so die zur Reinigung benötigten Arbeitsmittel wie z. B. Reinigungsschwämme und -tücher, angesetzte Gebrauchslösungen usw. immer in unmittelbarer Nähe. Gleichzeitig können mit dem Gerätewagen Wischgeräte sowie Verbrauchsmaterial wie z. B. WC-Papier, Papierhandtücher, Handseife usw. mitgeführt werden. Abfälle sowie verschmutzte Reinigungstextilien können über den Gerätewagen sortiert und entsorgt werden.

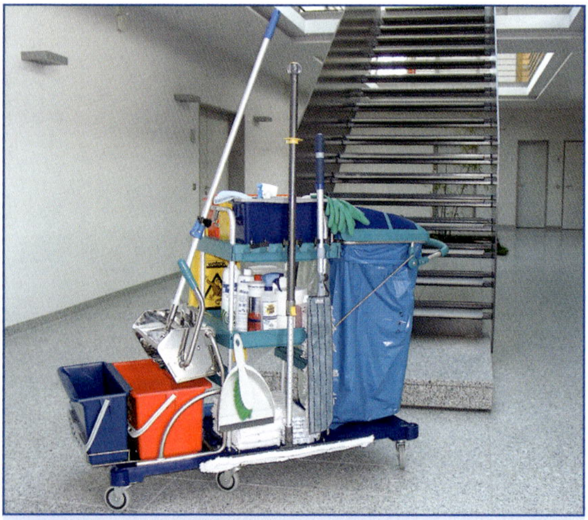

Abb. 4/4: Gerätewagen als Ver- und Entsorgungsstation

Von den Herstellern dieser Gerätewagen werden meist verschiedene Kombinationssysteme angeboten, die nach dem Baukastenprinzip (Modulsystem) zusammengebaut und den örtlichen Gegebenheiten angepasst werden.

Zur Standardausstattung eines Gerätewagens gehören:

- Reinigungsmittel bzw. angesetzte Reinigungslösungen:
  - saurer Sanitärunterhaltsreiniger,
  - Alkohol-, Allzweck- oder tensidfreier Reiniger,
  - Fleckentferner bzw. Schreibtischreiniger,
- Vier-Farben-System zur Oberflächenreinigung:
  - Eimer,
  - Reinigungstücher,
  - kratzfreie Schwämme,
- Staubmopp mit Teleskopstange, ggf. Spinnbesen,
- Kehrgarnitur (Handfeger und Kehrschaufel),
- Bodenreinigungssystem zum staubbindenden Wischen (Entfernung von lose aufliegendem Feinschmutz),
- Bodenreinigungssystem zum Nasswischen (Entfernung haftender Verschmutzungen),
- Warnschild „Vorsicht Rutschgefahr",
- ggf. Wäschesack für gebrauchte Tücher und/oder Wischbezüge,
- Abfallentsorgungseinheit,
- Verbrauchsmaterial:
  - Abfallbeutel,
  - Papierhandtücher,
  - Nachfüllseife, ggf. Händedesinfektionsmittel,
  - WC-Papier, Hygienebeutel,
- geeignete Schutzhandschuhe, Ersatzhandschuhe, Hautschutz- und Pflegecreme.

Staubmopps sind flache Geräte zur Entstaubung von Ausstattung und Einrichtungsgegenständen. Der textile Bezug besteht meist aus Mikrofasern oder aus staubbindend imprägnierten Einweg-Vliesstoffen und wird auf einen flexiblen Halter aufgespannt. Die Anwendung erfolgt i. d. R. trocken. Neben schwer zugänglichen Bereichen hinter Heizkörpern lassen sich mit Hilfe eines Gelenks und einer Teleskopstange auch höher gelegene Schrankoberseiten bzw. Regalböden und abgehängte Beleuchtungskörper etc. problemlos vom Boden aus (ohne Leiter) entstauben.

Staubtücher sind beidseitig geraute Gewebe oder Vliestücher, die leicht den Staub binden können. Teilweise sind Vliese antistatisch ausgerüstet, sodass eine schnelle Wiederanschmutzung der gereinigten Oberflächen (z. B. Bildschirme, Kunststoffoberflächen) verhindert wird.

Poliertücher haben die Aufgabe, Rückstände und Wasserstreifen bei schon abgelederten Glasscheiben zu beseitigen. Sie müssen eine gewisse Feuchtigkeit (klamm) haben, um richtig wirksam zu werden. Dies erreicht man dadurch, indem man das ausgewaschene und ausgewrungene Fensterleder in das Poliertuch einwickelt und beide zusammen auswringt. Für Poliertücher eignen sich Gewebe aus Leinen- oder Jutematerial. Mittlerweile werden Poliertücher oft durch Mikrofasertücher ersetzt.

Raumpflegetücher (Lederersatztücher bzw. Synthetikleder) sind spezielle Vliestücher, die das teure und echte Fensterleder ersetzen sollen (z. B. Reinigung von Fenstern, Fensterrahmen, Spiegeln, Kunststoffoberflächen etc.). Im nassen Zustand fühlen sich Raumpflegetücher ähnlich wie Leder an. Vorteilhaft sind der günstige Preis, die gute Chemikalienbeständigkeit und die gute Auswaschbarkeit. Raumpflegetücher sind in den Farben rot, gelb, blau und grün erhältlich und eignen sich daher zur Umsetzung der farblichen Trennung nach dem Vier-Farben-System.

Mikrofasertücher bestehen aus Polyamid-/Polyester-Fasern im Mikrofaserbereich (< 1 dtex, entspricht 10.000 m Fadenlänge = 1 g Gewicht). Die Mikrofasern zeichnen sich durch ein geringes Gewicht, einen sehr guten Reinigungseffekt, die gute Wasseraufnahme und -speicherkapazität sowie das sehr gute Staub- und Schmutzaufnahmevermögen aus. Sie haben ihren besten Reinigungseffekt (streifenfreies Reinigungsergebnis), wenn sie schleuderfeucht ohne tensidhaltige Reinigungsmittel zum Einsatz kommen. Tenside wirken als Gleitmittel, sodass die mechanische Wirkung durch den keilartigen Faseraufbau verloren geht. Sogar leichte Öl- und Fettverschmutzungen (z. B. Griffspuren etc.) können aufgrund des besonderen Faseraufbaus der Mikrofasern ohne zusätzliche Reinigungsmittel entfernt werden. Das Auswaschen der Mikrofasertücher erfolgt (wie bei allen Reinigungstextilien) ohne die Verwendung von Weichspülern in der Waschmaschine. Mikrofasertücher sind in den Farben rot, gelb, blau und grün erhältlich und eignen sich daher zur Umsetzung der farblichen Trennung nach dem Vier-Farben-System.

Seit einiger Zeit gibt es auch polyurethanbeschichtete Mikrofasertücher auf dem Markt. Der Reinigungseffekt und die Wirkung sind vergleichbar mit der Leistung hochwertiger Mikrofasertücher, entsprechend sind auch die Einsatzgebiete dieselben. Weitere besondere Vorteile sind die gute Verschleißfestigkeit und die gute Formbeständigkeit nach dem Waschen.

Schwammtücher sind flache Schwämme in Tuchform mit meist waffelartiger Struktur, die in den vier Standardfarben angeboten werden. Sie werden häufig bei der Unterhaltsreinigung zum Abwaschen von Oberflächen eingesetzt. Für eine streifenfreie Reinigung sind Schwammtücher eher ungeeignet. Außerdem sind sie vergleichsweise wenig verschleißfest bzw. strapazierfähig.

Padschwämme gibt es kratzfrei (Padauflage: weiß) und mit stärkerer abrasiver Wirkung (Padauflage: blau, grün, schwarz). Passend zu den Raumpflegetüchern gibt es die Schwammauflage bei kratzfreien Padschwämmen in den Farben rot, gelb, grün und blau. Kratzfreie Padschwämme eignen sich als Ersatz für Scheuermilch. Durch die schonende mechanische Wirkung können sie z. B. im Sanitärbereich vorbeugend gegen Kalkaufbau eingesetzt werden, wodurch Reinigungschemie eingespart werden kann.

Radierschwämme oder Pads aus Melaminharzschaumstoff werden seit kurzem als Problemlöser für hartnäckige Verschmutzungen angeboten. Der Reinigungseffekt dieser Schwämme, die ausschließlich nass zum Einsatz kommen sollten, ist sehr gut. Aufgrund der relativ starken Abrasivität dürfen damit jedoch keine kratzempfindlichen Oberflächen wie z. B. lackierte Oberflächen behandelt werden. Bei keramischen Oberflächen (z. B. Fliesen, Keramikwaschbecken) und bei Edelstahl ist der Einsatz problemlos möglich.

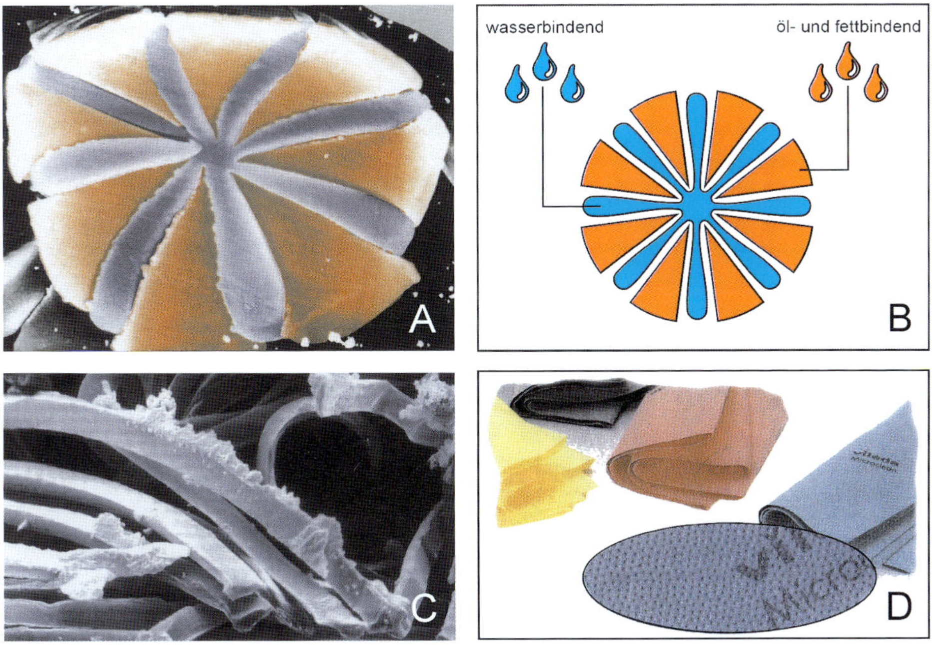

Abb. 4/5: Belima®X Mikrofaser mit zwei Komponenten. A: Makroaufnahme einer Mikrofaser im Querschnitt; B: Schematische Darstellung einer Mikrofaser im Querschnitt; C: Makroaufnahme längs der Struktur; D: Reinigungstücher aus Mikrofaser (Quelle: Vileda-Professional)

5 Nichttextile Beläge

5.1 Allgemeine Grundlagen

Nichttextile Fußbodenbeläge ist ein Oberbegriff für alle Fußbodenbeläge, die nicht aus textilen Fasern bestehen. Holz-, Laminat- sowie Steinbeläge nennt man auch Hartböden; Linoleum-, PVC-, Elastomer-, Polyolefin- und Polyurethanbeläge werden häufig auch als elastische Beläge bezeichnet.

Bevor Bodenbeläge behandelt (grundgereinigt oder eingepflegt) werden, ist grundsätzlich die schriftliche Reinigungs- und Pflegeanleitung bzw. die Reinigungs- und Pflegeanweisung des Bodenbelagherstellers zu beachten. Da sich elastische Bodenbeläge oft sehr ähneln und bei älteren Bodenbelägen häufig keine schriftlichen Unterlagen mehr existieren, gibt es folgende Möglichkeit festzustellen, um was für einen Belag es sich handelt.

Unterscheidungsmöglichkeit der unterschiedlichen elastischen Beläge

Neben der visuellen Erkennung, die oft auf eine jahrelange Erfahrung zurückzuführen ist, kann man elastische Beläge zusätzlich durch den sogenannten Büroklammertest der Belagsart zuordnen.

Die Durchführung erfolgt am besten mit einer aufgebogenen Büroklammer aus verkupfertem Draht und einem Gasfeuerzeug mit dem der Draht erhitzt wird. Zur Beurteilung dienen folgende Punkte:

- Verhalten der zu prüfenden Belagsart beim Eindrücken der heißen Büroklammer,
- Geruch beim Einstechen,

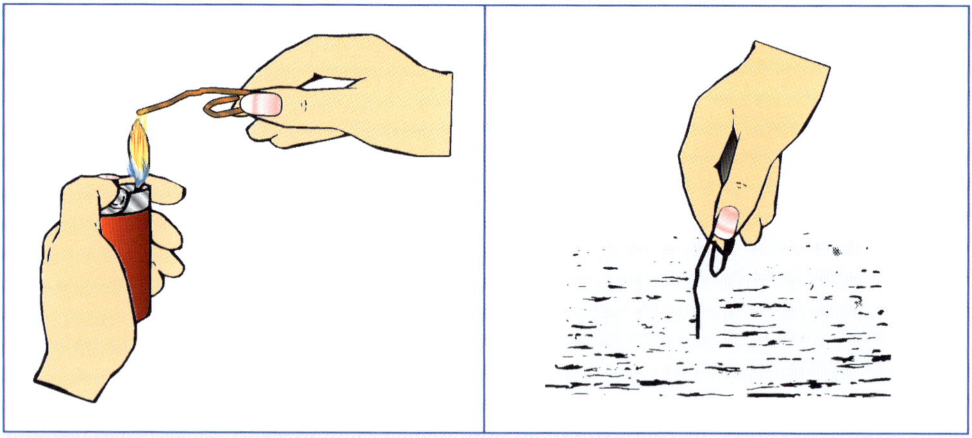

Abb. 5/1: Büroklammertest

- Aussehen der Stelle, die mit der heißen Büroklammer in Kontakt kam,
- Verhalten der Belagsrückstände an der verkupferten Büroklammer in der Gasflamme.

Büroklammertest

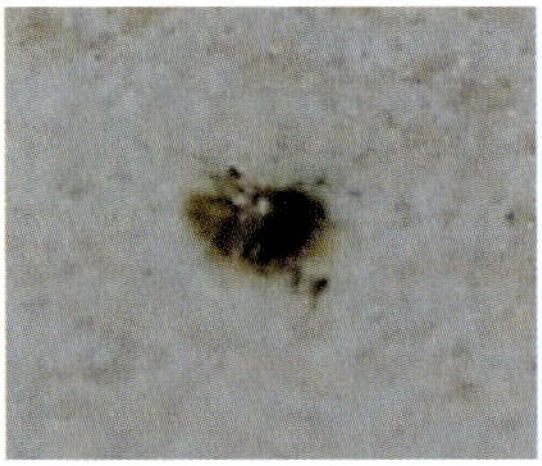

Linoleumbelag

Die heiße Büroklammer dringt relativ leicht ein. Der Belag schmilzt an der Oberfläche nicht; es entsteht aber eine verkohlte Lochstelle ohne Wulst, die man beim Abtasten mit den Fingerspitzen kaum spürt. Es riecht typisch nach verbranntem Holz bzw. Leinöl.

PVC-Belag

Die heiße Büroklammer dringt sehr leicht ein. Der Belag schmilzt an der Oberfläche; es entsteht eine Lochstelle mit Wulst; im heißen Zustand kann man aus den Rückständen einen Faden ziehen. Rückstände an der Büroklammer verbrennen rußend, mit kurzzeitiger Grünfärbung der Flamme (nur bei Kupferdraht); Rauch enthält Chlorwasserstoffgas, riecht stechend, Dämpfe reagieren sauer.

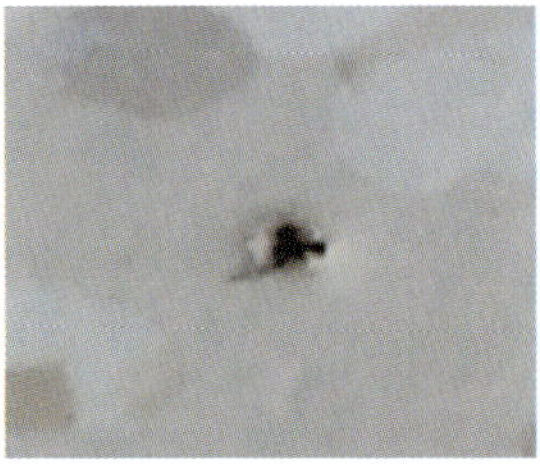

Elastomerbelag (Gummibelag)

Die heiße Büroklammer dringt kaum in den Belag ein. Der Belag schmilzt an der Oberfläche nicht; es entsteht nur eine kleine (oberflächliche) Lochstelle ohne Wulst, die man beim Abtasten mit den Fingerspitzen kaum spürt. Es riecht typisch nach verbranntem Gummi.

Chlorfreier Thermoplastbelag

Die heiße Büroklammer dringt leicht ein. Der Belag schmilzt an der Oberfläche; es entsteht eine Lochstelle mit Wulst; im heißen Zustand kann man aus den Rückständen einen Faden ziehen (funktioniert nur bei Belägen ohne PUR-Vergütung). Die Rückstände verbrennen flackernd und wenig rußend. Es riecht nach verbranntem Kerzenwachs.

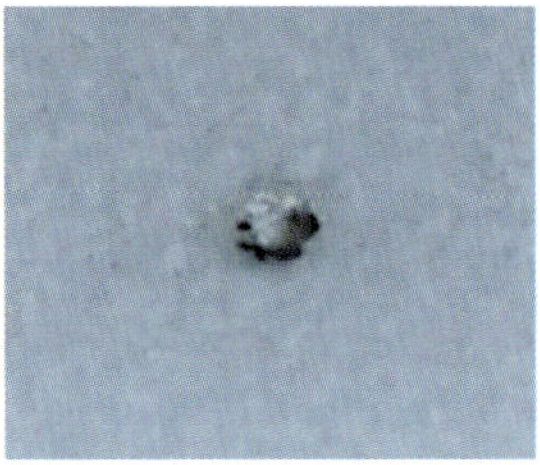

Polyurethan-(PUR-)Belag

Die heiße Büroklammer dringt kaum in den Belag ein. Der Belag schmilzt an der Oberfläche nicht; es entsteht nur eine kleine (oberflächliche), leicht verkohlte Lochstelle ohne Wulst, die man beim Abtasten mit den Fingerspitzen kaum spürt. Es riecht unangenehm stechend.

5.2 Arten und Beschaffenheit der nichttextilen Beläge

5.2.1 Linoleumbeläge

Sie bestehen aus:

- Leinöl, Naturharzen (Bindemitteln),
- Holz- und Korkmehl,
- Farbpigmenten,
- anorganischen Füllstoffen (Kalksteinmehl),
- Jutegewebe als Trägerschicht,
- i. d. R. mit werkseitigem Acrylatfinish (Ausnahme: Sporthallenbeläge) oder Polyurethanvergütung ausgestattet.

Eigenschaften

- Sehr empfindlich gegen alkalische Reinigungsmittel (pH-Wert > 10) und stark abrasive Substanzen,
- weitgehend beständig gegen organische Lösemittel (Ausnahme: CKWs),
- feuchtigkeitsregulierend, d. h. atmungsaktiv,
- relativ fußwarm,
- es entstehen keine sogenannten Einbrenner (z. B. im Sporthallenbereich),
- weitgehend beständig gegen Zigarettenglut.

Besonderheiten/Hinweise

- Eine trockene Pflegefilmsanierung ist einer chemischen Nassgrundreinigung vorzuziehen,
- nur schwach alkalische Grundreiniger, sogenannte Universalgrundreiniger einsetzen,
- vorzugsweise blaue Pads (maximal grün) zur Grundreinigung verwenden,
- vor der Beschichtung mit Pflegefilmen sind wegen der Porosität längere Trocknungszeiten einzuhalten (Empfehlung: mind. 24 Stunden); oder man verwendet eine moderne, wasserdampfdiffusionsoffene Selbstglanzdispersion, die direkt auf den restfeuchten Linoleumbelag appliziert werden kann,
- keine Beschichtung mit Polymerdispersionen von Hartwachs behandelten Linoleumbelägen (abpudern der Pflegefilme),
- bei sehr porösen alten Belägen kann nach der Grundreinigung ein Porenfüller vor dem eigentlichen Pflegefilm aufgetragen werden,

- raue Beläge können nach der Grundreinigung durch Polieren bzw. Mattieren mit einem roten oder blauen Pad geglättet werden, wodurch die Pflegemittelapplikation wesentlich erleichtert wird.

Typische Oberflächenveränderungen

- Verseifung
  - Leinöl des Belags reagiert mit Alkalien > pH 10 zu Seife,
  - Sanierung nicht möglich.
- Abpudern/Ablösen des Pflegefilms
  - ursächlich sind meist eine unzureichende Trocknungszeit nach der Grundreinigung oder Reinigungsmittelrückstände (Tenside), die nach der Grundreinigung nicht gründlich entfernt wurden,
  - Sanierung durch Grundreinigung mit anschließender Neubeschichtung.

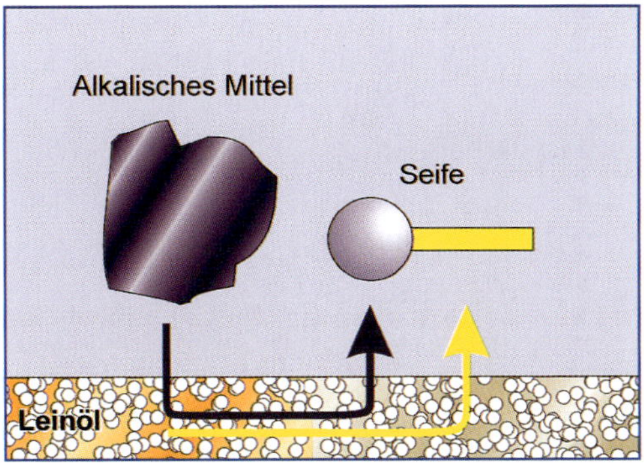

■ Abb. 5/2: Verseifung eines Linoleumbelags aufgrund zu starker Alkalität

5.2.2 PVC-Beläge

Sie bestehen aus:

- Polyvinylchlorid (PVC) als Bindemittel,
- Weichmachern,
- Farbstoffen,
- anorganischen Füllstoffen (Kalkstein- oder Quarzmehl),
- evtl. anderen Zuschlagstoffen,
- heutzutage i. d. R. mit werkseitiger Polyurethanvergütung ausgestattet.

Arten

- Homogene PVC-Beläge bestehen aus einer oder mehreren Schichten gleicher Zusammensetzung,

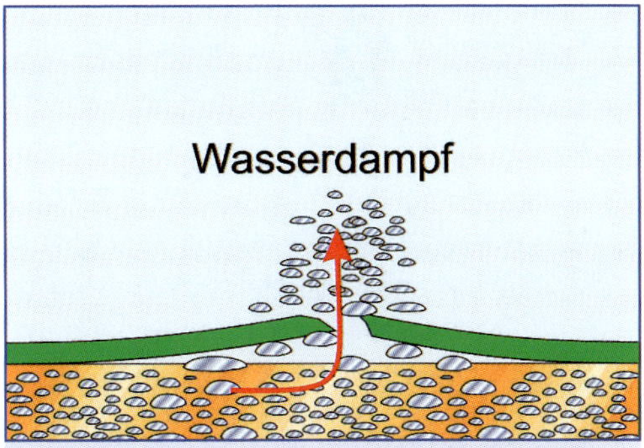

■ Abb. 5/3: Abpudern eines Pflegefilms bei Linoleum aufgrund eingeschlossener Restfeuchtigkeit

- heterogene PVC-Beläge bestehen aus mindestens zwei Schichten; einer hochwertigen Nutzschicht und einer mit Füllstoffen angereicherten Unterschicht.

Eigenschaften

- Sehr widerstandsfähig gegenüber starken Alkalien,
- widerstandsfähig gegenüber abrasiven Reinigungsmitteln (dunkle Pads, harte Bürsten),
- zur Entfernung von Beschichtungen kommen stark alkalische Grundreiniger und stark abrasive Pads (schwarz) zum Einsatz,
- kurze Trocknungszeiten vor dem Beschichten, da PVC nicht porös ist,
- empfindlich gegenüber Lösemitteln und lösemittelhaltigen Reinigungs- und Pflegemitteln, wie z. B. Aceton, Terpentin, Bohnerwachse, Wachskehrspäne, Parkettgrundreiniger, Wachscleaner etc.,
- empfindlich gegenüber Absatzstrichen,
- durch starke Reibung und Zigarettenglut entstehen sogenannte Einbrenner,
- Säuren können Farbtonveränderungen bewirken,
- im Anfangsstadium geruchsbelästigend.

Besonderheiten/Hinweise

- PVC-Beläge ohne werkseitige Oberflächenvergütung sollten zum Schutz vor sogenannten Einbrennern von Absatzstrichen u. Ä. grundsätzlich mit einer Polymerdispersion beschichtet werden, die einen strapazierfähigen Pflegefilm bildet.
- Eine trockene Pflegefilmsanierung ist einer chemischen Nassgrundreinigung vorzuziehen.
- Elektrisch ableitfähige Beläge sollten nicht mit herkömmlichen Selbstglanzdispersionen behandelt werden, da sie ihre leitfähige Eigenschaft verlieren können; für solche Beläge gibt es spezielle Beschichtungen, welche die Leitfähigkeit nicht beeinträchtigen.
- PVC-Beläge werden häufig werkseitig mit einer Polyurethan-Vergütung (PU-Vergütung) versehen, um die Strapazierfähigkeit zu erhöhen; diese Oberflächenvergütung kann jedoch in stark frequentierten Bereichen binnen weniger Jahre stark verschleißen, sodass es zu einer entsprechenden Beeinträchtigung der Oberfläche kommt; zu empfehlen sind solche Oberflächenvergütungen nur, wenn eine Sanierbarkeit gewährleistet ist.
- Problematisch ist das Vorhandensein von PVC-Baustoffen in Gebäuden im Brandfall, da hier ätzendes Chlorwasserstoffgas (bildet mit Wasser Salzsäure) entsteht und hochgiftige Dioxine freigesetzt werden können.
- Verschmutzungen der Ölverwandtschaft (Fettfarbstoffe, Schuhcreme, Kugel- und Filzschreiber, Bitumen) müssen sofort beseitigt werden, da sie bei langer Einwirkzeit in den Belag einwandern können.

Typische Oberflächenveränderungen

- Einbrenner durch z. B. Absatzstriche, die mit hoher Reibungswärme erzeugt wurden.
- Ablösung von Pflegefilmen, die auf bestimmten werkseitig polyurethanvergüteten PVC-Belägen keine ausreichende Haftfestigkeit zeigen.
- Verschleißerscheinungen mit verstärkter Anschmutzung bei polyurethanvergüteten Belägen aufgrund abrasiv wirkender Einflüsse.
- Fleckbildung durch Migration bzw. das Einwandern von Farbmolekülen, Rußpartikeln von schwarzen Gummirädern, diversen Desinfektionswirkstoffen etc. (diese Oberflächenveränderung kann auch bei anderen elastischen Belägen entstehen, kommt jedoch bei PVC besonders häufig vor).
  - Eine Entfernung von migrierten Flecken ist nur selten möglich. Die Migrantien bzw. die sichtbaren Flecksubstanzen befinden sich nicht nur an der Oberfläche, sondern sie durchdringen den Werkstoff mit zunehmender (Einwirk-)Zeit, wodurch eine Entfernung immer schwieriger bzw. nicht mehr möglich wird. Grundsätzlich gilt: Je früher die fleckbildende Substanz entfernt wird, umso höher ist die Chance, bleibende Flecken zu verhindern. Bei frischen Verschmutzungen durch Kugelschreiber, Filzstift oder Klebstoff etc. kann der Einsatz eines geeigneten Fleckentferners (z. B. auf Glykoletherbasis) ggf. noch Abhilfe verschaffen. Lebensmittelfarbstoffe (z. B. Rotwein, Früchtetee) können oftmals durch Sauerstoffabspalter (z. B. Wasserstoffperoxid) ausgebleicht werden; bei manchen Flecken (z. B. Tinte) ist auch eine Farbstoffzerstörung durch Reduktionsmittel (z. B. Natriumdithionit) möglich. Um Migrationen zu vermeiden, sollten Verschmutzungen bzw. fleckbildende Substanzen umgehend entfernt werden.

Abb. 5/4: Fleckbildung durch Migration

5.2.3 Elastomerbeläge (Gummi-/Kautschukbeläge)

Sie bestehen aus:

- Natur- und/oder Kunstkautschuk (Gummi) als Grundrohstoff,
- Farbstoffen,
- anorganischen Füllstoffen (Kalksteinmehl),
- Vulkanisierungsmittel (Schwefel),
- Alterungsschutzmittel (Paraffine).

Eigenschaften

- Empfindlich gegenüber längerer Einwirkung von alkalischen Mitteln und organischen Lösemitteln,
- Säuren können Farbtonveränderungen bewirken,
- empfindlich gegen abrasive Stoffe (z. B. grüne oder schwarze Pads führen zum Zerkratzen der Belagsoberfläche),
- temperaturbeständig (unterliegt jedoch Volumenveränderungen bei starken Temperaturschwankungen),
- im nassen Zustand geruchsbelästigend,
- glatte Beläge sind reinigungs- und pflegeleicht,
- oberflächenstrukturierte Beläge (Gumminoppenbeläge) sind aufwändig zu reinigen,
- chlorfreier Belag,
- relativ unempfindlich gegen Zigarettenglut,
- geringe elektrostatische Aufladung.

Besonderheiten/Hinweise

- Oft gibt es Haftungsprobleme bei harten Pflegefilmen von Selbstglanzdispersionen, deshalb wird von einer Beschichtung abgeraten; die optimale Pflege erfolgt durch wasserlösliche Wischpflegeprodukte im Cleanerverfahren.
- Wenn glatte Elastomerbeläge dennoch beschichtet werden sollen, verwendet man Selbstglanzdispersionen, die *weiche* bzw. *elastische* Pflegefilme bilden.
- Ungeeignet sind Selbstglanzdispersionen generell bei profilierten Belägen, da sich die Rückstände sehr schwer oder nicht mehr beseitigen lassen.
- Auf der Belagoberfläche befinden sich produktionsbedingt Trennmittel (Silikone, Paraffine), die bei der Erstreinigung entfernt werden müssen, sofern der Belag mit einer Selbstglanzdispersion beschichtet werden soll.
- Strukturierte Beläge werden vorzugsweise maschinell mit Walzenbürstmaschinen, Dreischeibenmaschinen oder Maschinen mit exzentrischer Scheuertechnologie sowie mit Faser- bzw. Garnpads gereinigt; zum Wischen eignen sich veloursartige Mikrofaser-Breitwischbezüge.

Typische Oberflächenveränderungen

- Kreidung
  - Ursächlich für diese Verwitterungserscheinung ist die intensive Einwirkung von UV-Licht sowie alkalischen und lösemittelhaltigen Reinigungslösungen.

- Eine Sanierung ist möglich durch Abschleifen der gekreideten Schicht unter Verwendung einer schnelllaufenden Maschine mit speziellen Diamantpads (bei glatter Oberfläche) oder einer feiner Gritbürste (oft auch als Sica- oder SC-Bürste bezeichnet; bei oberflächenstrukturierten Belägen) und Wasser; nach dem Absaugen und Nachspülen erfolgt die Einpflege mit einem geeigneten Pflegemittel (vorzugsweise wasserlösliche Wischpflege im Cleanerverfahren).

- Ablösen des Pflegefilms
  - Ursachen können sein: keine gründliche Entfernung von produktionsbedingten Trennmitteln (Silikonen) sowie Alterungsschutzmitteln (Paraffinen) an der Oberfläche; zu starke temperaturbedingte Formveränderung des Elastomerbelags; wenig elastisches Beschichtungsmittel bei dicken Belägen mit starker Punktbelastung; Reinigungsmittelrückstände (Tenside) nach der Grundreinigung.
  - Sanierung ist möglich durch Grundreinigung und Einpflege mittels wasserlöslicher Wischpflege im Cleanerverfahren.

Abb. 5/5: Kreidung eines Elastomerbelags (Gumminoppenbelag)

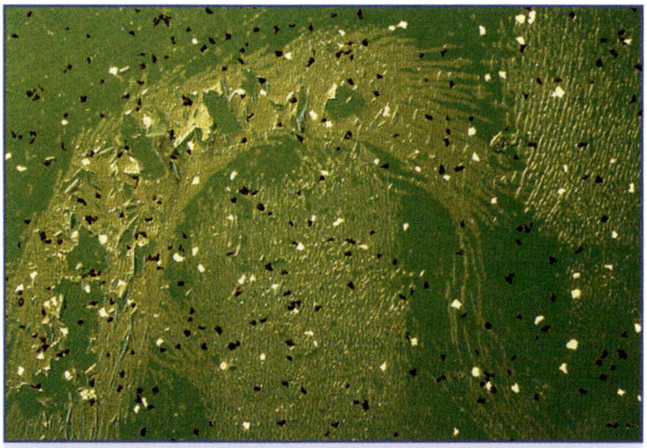

Abb. 5/6: Ablösen des Pflegefilms bei einem Elastomerbelag aufgrund von Paraffinrückständen

5.2.4 Chlorfreie Thermoplastbeläge

Zu den wichtigsten Vertretern dieser Kunststoffgruppe zählen Polyethylen (PE) und Polypropylen (PP), die den sogenannten Polyolefinen zugeordnet werden. Durch moderne Entwicklungen mit Copolymeren konnten die Eigenschaften der klassischen Polyolefinbeläge deutlich verbessert werden.

Sie bestehen aus:

- chlorfreiem thermoplastischem Kunststoff als Bindemittel,

- Farbstoffen,
- Füllstoffen (Kalksteinmehl).

Arten

- Oberflächenvergütete Polyolefinbeläge (Oberflächenvergütungen bestehen i. d. R. aus einer 7 bis 12 µm dicken Polyurethanversiegelung),
- Surlyn®-Beläge,
- Enomer™-Beläge.

Eigenschaften

- Sehr widerstandsfähig gegenüber starken Alkalien,
- Beläge mit transparenter Nutzschicht sind auch sehr widerstandsfähig gegenüber Säuren, hohe Lösemittelbeständigkeit,
- chlorfreier Belag,
- im Brandfall entstehen keine Schadstoffe wie Salzsäuregas (HCl), Dioxine oder Furane,
- weichmacherfrei,
- geruchsneutral,
- ölverwandte Verschmutzungen können in den Belag einwandern und dann nicht mehr beseitigt werden,
- relativ starke elektrostatische Aufladung (z. B. beim Polieren),
- empfindlich gegenüber Absatzstrichen – bei hoher Reibungswärme können Einbrenner entstehen,
- empfindlich gegenüber Zigarettenglut,
- klassische Polyolefinbeläge sind darüber hinaus:
  - sehr empfindlich gegen Pads mit starkem Abrieb (grün, schwarz),
  - sehr empfindlich gegenüber Sandkörnchen, die mit dem Schuhwerk eingetragen werden.

Besonderheiten/Hinweise

- Eine Beschichtung mit harten Polymerdispersionen ist auf Polyolefinbelägen, die keine Oberflächenvergütung besitzen, aufgrund der mangelnden Haftung nicht möglich; Enomer™-Beläge lassen sich auch mit Selbstglanzdispersionen beschichten.
- Oberflächenvergütungen sind nur begrenzt verschleißfest; Sandkörnchen können die Nutzschicht zerkratzen, sodass eine Beeinträchtigung der Oberfläche auftritt, z. B. starke Anschmutzung.

5.2.5 Werkseitig polyurethanvergütete elastische Beläge

Werkseitige Polyurethanvergütungen gibt es bei Linoleum-, PVC-, Elastomer- und Polyolefinbelägen. Dabei handelt es sich um eine hauchdünne, werkseitig aufgebrachte Versiegelung bzw. Lackierung aus Polyurethan (PU/PUR) mit einer Schichtdicke von ca. 7 bis 15 µm. Im Vergleich zu herkömmlichen Belägen, die durch einen wieder entfernbaren Pflegefilm geschützt werden, wird bei den PUR-vergüteten Belägen seitens der Belagshersteller häufig eine deutliche Kostenreduzierung ausgelobt, da sie nicht eingepflegt und somit auch nicht grundgereinigt werden müssen. Durch die Einsparung der Grundreinigung ergeben sich auch ökologische Vorteile.

Eigenschaften

- Bei intakter PUR-Vergütung erhöhte Beständigkeit gegen Alkalien, Säuren und Lösemittel,
- sehr beständig gegen nicht färbende Desinfektionsmittel (z. B. alkoholbasierende Händedesinfektionsmittel),
- höhere Abriebbeständigkeit als herkömmliche Polymerbeschichtungen,
- weniger empfindlich gegen Absatzstriche und Gehspuren,
- durch eine chemische Nassgrundreinigung nicht entfernbar,
- zum Teil keine Haftung zusätzlicher Pflegefilme von Selbstglanzdispersionen,
- nur bedingt sanierbar (abhängig von Polyurethanformulierung und Oberflächenstruktur).

Abb. 5/7: Verschleißerscheinungen auf einem PU(R)-vergüteten PVC-Belag

Besonderheiten/Hinweise

- Oberflächenvergütungen sind nur begrenzt verschleißfest; Sandkörnchen können die Nutzschicht zerkratzen, sodass eine Beeinträchtigung der Oberfläche auftritt, z. B. starke Anschmutzung.
- Hersteller von polyurethanvergüteten Belägen empfehlen zum Teil keine zusätzliche Pflege (Wischpflege, Beschichtung), sondern lediglich ein Polieren in regelmäßigen Zeitabständen; jedoch ist eine Pflege dann erforderlich, wenn der Belag einer starken Beanspruchung unterliegt. In diesem Fall ist es sinnvoll, Wischpflegemittel im Cleanerverfahren zu verwenden.
- Eine Beschichtung mit harten Polymerdispersionen ist auf bestimmten polyurethanvergüteten Belägen nicht möglich, da keine ausreichende Haftfestigkeit des Pflegefilms erzielt wird. Die mögliche Option einer Beschichtung kann der Reinigungs- und Pflegeempfehlung des Herstellers entnommen werden.

Ursachen für einen raschen Verschleiß PU(R)-vergüteter Beläge können sein:

- keine geeigneten Schmutzfangzonen,
- zu geringe Reinigungshäufigkeit,
- ungeeignete Reinigungsverfahren,
- keine sanierbare Opfer- bzw. Pflegefilmschicht,
- starke mechanische Belastung.

Eine Sanierung ist

- durch An- bzw. Abschleifen der verschlissenen Vergütung (z. B. unter Verwendung von Diamantpads) ist nur bedingt möglich (nicht bei strukturierten Oberflächen),
- aufwändig und relativ kostenintensiv, sofern eine Polyurethanversiegelung aufgebracht wird.

5.2.6 Polyurethanbeläge

Sie bestehen aus:

- Polyurethan als Bindemittel,
- Farbstoffen,
- Füllstoffen.

Arten

- Heterogene Polyurethanbeläge als Bahnen- und Fliesenware mit einer 0,3 bis 0,5 mm starken transparenten Nutzschicht,

- Sporthallenbeläge, die vor Ort in flüssiger Form eingebracht werden,
- Industriebeläge.

Eigenschaften

- Sehr beständig gegen Alkalien,
- Beläge mit transparenter Nutzschicht sind auch sehr beständig gegenüber Säuren,
- relativ lösemittelbeständig,
- chlorfreier Belag,
- geruchsneutral,
- geringe Absatzstrich- und Gehspurenempfindlichkeit,
- zum Teil gibt es Benetzungsprobleme beim Nasswischen aufgrund der stark hydrophoben (wasserabweisenden) Wirkung,
- Polymerbeschichtungen haften i. d. R. nicht,
- relativ unempfindlich gegen abrasive Stoffe, da jedoch nicht beschichtet wird, sollten keine abrasiven Pads eingesetzt werden (maximal rot).

5.2.7 Holzböden

Sie bestehen aus:

- einheimischen Hölzern (z. B. Buche, Eiche, Fichte, Tanne etc.),
- exotischen Hölzern (z. B. Bambus (kein Holz, sondern Gras), Pinie, Teak etc.).

Arten

- Dielenböden (gehobelte oder geschliffene Bretter),
- Parkett (aus Stäbchen, Riemen, Tafeln etc., die zu verschiedenen Mustern angeordnet sind),
- Holzpflaster (Holzklötze, die als Pflaster mit sichtbarer Hirnholzfläche verlegt werden).

Eigenschaften

- Unterscheidung zwischen unversiegelten und versiegelten Holzböden,
- je nach Dichte fußwarm und aus nachwachsenden Rohstoffen bestehend,
- unempfindlich gegenüber Lösemitteln,
- sehr feuchtigkeitsempfindlich; Holz kann Feuchtigkeit aufnehmen und wieder abgeben, d. h., es quillt oder schwindet; bei der Reinigung sollte daher möglichst wenig oder kein Wasser verwendet werden,

- relative Luftfeuchte sollte 55 bis 65 % betragen, bei einer Temperatur von ca. 20 °C, wenn die Raumluft zu trocken ist schrumpfen (schwinden) Holzbeläge,
- lange Lebensdauer,
- wohnlicher Charakter, repräsentative Optik, lebendiges Aussehen,
- gute Wärmedämmung,
- bei Parkett ist keine desinfizierende Reinigung möglich,
- reinigungs- und pflegetechnisch aufwändiger als z. B. elastische Beläge,
- besonders empfindlich bei Sandeintrag (z. B. Kindergarten),
- mögliche Einschränkung der Begehsicherheit bei unsachgemäßer Reinigung und Pflege besonders groß,
- um starke Abnutzungen bei der Versiegelung zu vermeiden, ist eine hohe Reinigungsfrequenz erforderlich.

Besonderheiten bei unversiegelten Holzböden

- Die Unterhaltsreinigung erfolgt durch staubbindendes Wischen, Staubsaugen und Cleanern.
- Die Einpflege kann durch Heißwachsen oder Auftragen von Hartwachslösungen mit anschließendem Polieren erfolgen.
- Ölimprägnierte Beläge müssen bei Bedarf angeschliffen und mit geeigneten (trocknenden) Imprägnierölen nachgeölt werden; sofern keine wachshaltigen Pflegemittel aufgebracht wurden, ist auch ein nachträgliches Versiegeln von geölten Holzböden möglich.
- Nässeeinwirkung muss generell vermieden werden.
- Solche Beläge können nur trocken durch Anschleifen mit entsprechenden Pads bzw. Stahlwollepads von Bauverschmutzungen gereinigt werden. Zur Pflege eignen sich wasserfreie Produkte wie z. B. Hartwachslösungen (belasten durch verdampfende Lösemittel erheblich die Raumluft) oder Heißwachse.
- Die Schutzwirkung gegen wässrige Medien ist begrenzt.
- Abgenutzte Wachs-Pflegefilme können vollflächig oder partiell im Cleanerverfahren unter Verwendung von Wachscleanern (sie sind wasserfrei) ausgebessert werden.

Besonderheiten bei versiegelten Holzböden

- Die Unterhaltsreinigung erfolgt durch staubbindendes Wischen, Nasswischen mit gründlich entwässerten Reinigungstextilien oder durch Cleanern mit wasserlöslichen Wischpflegen.
- Nässeeinwirkung muss generell vermieden werden, da unter Umständen der Kantenbereich der Parkett- bzw. Dielenelemente keinen ausreichenden Feuchtigkeitsschutz besitzt.

- Sie sind relativ kratzunempfindlich, jedoch können z. B. Sandkörnchen bei der Begehung Kratzer verursachen.
- Bei stark strapazierten Flächen ist es ratsam, den versiegelten Holzboden mit einer geeigneten Polymerdispersion zu beschichten; der Pflegefilm kann mit geeigneten Maschinen trocken saniert werden.
- Eine trockene Pflegefilmsanierung ist – im Gegensatz zu einer chemischen Nassgrundreinigung – durchführbar.

5.2.8 Korkböden

Sie bestehen aus:

- Korkgranulat,
- Bindemitteln,
- Klebern.

Arten

Typ I: Korkbeläge mit einer PVC-Verschleißschicht gemäß DIN 665,

Typ II: Presskorkplatten ohne rückseitige PVC-Beschichtung,

Typ III: Zweischichtige, furnierte, geschliffene jedoch unbehandelte Presskorkbeläge,

Typ IV: Einschichtige oder zweischichtige Korkbodenbeläge.

Eine weitere Unterscheidung:

- Versiegelte Korkböden und
- unversiegelte Korkböden (unbehandelt, geölt oder gewachst).

Besonderheiten bei unversiegelten Korkbelägen

- Nässeeinwirkung muss generell vermieden werden.
- Solche Beläge können nur trocken durch Anschleifen mit entsprechenden Pads bzw. Stahlwollepads von Bauverschmutzungen gereinigt werden. Zur Pflege eignen sich wasserfreie Produkte wie z. B. Holzöle, Hartwachslösungen (belasten durch verdampfende Lösemittel erheblich die Raumluft) oder Heißwachse.
- Die Schutzwirkung gegen wässrige Medien ist begrenzt.
- Abgenutzte Wachs-Pflegefilme können vollflächig oder partiell im Cleanerverfahren unter Verwendung von Wachscleanern (sie sind wasserfrei) ausgebessert werden.

Besonderheiten bei versiegelten Korkbelägen

- Nässeeinwirkung muss generell vermieden werden, da unter Umständen der Kantenbereich der Korkplatten keinen ausreichenden Feuchtigkeitsschutz besitzt.
- Nasswischen soll nur mit gründlich entwässerten Reinigungstextilien erfolgen.
- Bei stark strapazierten Flächen ist es ratsam, den Bodenbelag zusätzlich mit einer Polymerdispersion zu beschichten; dabei werden strapazierfähige Pflegefilme gebildet.
- Eine trockene Pflegefilmsanierung ist – im Gegensatz zu einer chemischen Nassgrundreinigung – durchführbar.

5.2.9 Laminatbeläge

Sie bestehen aus:

- Kunstharzbeschichtungen mit Dekorschicht (meist Holz-, Stein- oder Fliesenoptik) als Nutzschicht,
- Träger aus Holzfaserplatte (MDF/HDF),
- Kunstharzlaminat an der Unterseite,
- evtl. zusätzliche Trittschalldämmung.

Eigenschaften

- Die Kanten sind i. d. R. ungeschützt (insbesondere zugesägte Kanten) und können Feuchtigkeit aufnehmen, wodurch es zur Quellung/Formveränderung kommen kann.
- Sie sind relativ kratzunempfindlich, jedoch können z. B. Sandkörnchen bei der Begehung Kratzer verursachen; unempfindlich gegen Abdrücke von Stöckelschuhen.
- I. d. R. sind sie reinigungs- und pflegetechnisch unproblematisch.
- Erhältlich mit glatter bzw. geprägter Oberfläche und unterschiedlichen Dekors.
- Das Laminat selbst bewirkt keine Trittschalldämmung.

Besonderheiten

- Die Unterhaltsreinigung erfolgt durch staubbindendes Wischen, Nasswischen mit gründlich entwässerten Reinigungstextilien oder durch Cleanern mit wasserlöslichen Wischpflegen.
- Nässeeinwirkung auf Laminatböden ist unbedingt zu vermeiden.
- Eine Grundreinigung ist nicht erforderlich, wenn der Belag nicht eingepflegt wurde; da eine Grundreinigung mit wässrigen Reinigern verbunden ist, besteht die Gefahr der Belagsschädigung.

- Eine trockene Pflegefilmsanierung ist – im Gegensatz zu einer chemischen Nassgrundreinigung – durchführbar.
- Der Auftrag einer Selbstglanzdispersion ist zwar grundsätzlich möglich, jedoch kann auf eine Einpflege von Laminat verzichtet werden – insbesondere ist von der Verwendung von Wischpflegen als Wachsemulsion oder mit wasserunlöslichen Polymeren (milchige Produkte) abzuraten.

5.2.10 Naturwerksteinbeläge

Sie bestehen aus Mineralien wie z. B.:

- Quarz,
- Feldspat,
- Kalkspat,
- Glimmer,
- Gipsspat,
- Flussspat etc.

Nach ihrer Härte unterscheidet man (beispielhafte Aufzählung):

- Hartgesteine: Granit, Gabbro, Gneis, Porphyr, Basalt, Quarzit,
- Mittelharte Gesteine: Kalkstein, Marmor, Dolomit, Serpentin,
- Weichgesteine: Sandstein, Tonschiefer, Tuffstein.

Eigenschaften

- Silikatgebundene Steine (Granit, Gneis, Quarzit, Porphyr) sind sehr abriebfest und relativ säurebeständig.
- Kalkgebundene Steine (Marmor, Jura, Muschelkalk, Solnhofener Platten, Travertin) sind relativ weich und generell säureempfindlich.
- Bei polierten Naturwerksteinböden (Granit, Marmor) besteht i. d. R. das Problem einer unzureichenden Rutschhemmung, da die rutschhemmende Wirkung nach der Bewertungsgruppe „R 9“ nicht erreicht wird.
- I. d. R. sind sie reinigungs- und pflegetechnisch unproblematisch.
- Naturwerksteinbeläge gibt es mit der Oberflächenbeschaffenheit:
  - bruch- bzw. spaltrau,
  - gesägt,
  - gesandet,

  - geschliffen,
  - geflammt,
  - poliert etc.
- Raue Naturwerksteine gibt es:
  - spaltrau belassen (z. B. Solnhofener Platten, Schiefer, Quarzit),
  - steinmetzmäßig bearbeitet (z. B. geschliffen, geflammt, gestockt).
- Raue Steinbeläge sind relativ unempfindlich gegenüber mechanischer Beanspruchung.
- Polierte Steinbeläge (z. B. Marmor, Jura, Travertin) sind hochglänzend und relativ empfindlich gegenüber mechanischer Beanspruchung.
- Polierte kalkgebundene Steine werden durch Einwirkung von Säuren sowie von Alkalien mit einem pH-Wert > 12 stumpf:
- Durch Eindringen leicht löslicher Salze und Feuchtigkeit bilden sich insbesondere bei porösen Naturwerksteinen Ausblühungen.

Besonderheiten

- Alkoholreiniger sind allgemein empfehlenswert, insbesondere für die Reinigung von Quarzitbelägen, um die kristalline Struktur (glitzern) durch Pflegerückstände nicht zu beeinträchtigen.
- Bei der Grundreinigung von polierten Naturwerksteinbelägen durch Nassscheuern ist darauf zu achten, dass keine Schäden durch aggressive Chemikalien oder starke Mechanik entstehen.
- Soll die charakteristische Optik polierter Natursteinbeläge erhalten bleiben, ist auf die Verwendung von Pflegemitteln zu verzichten.
- Beim Einsatz von ungeeigneten Abrasivstoffen (z. B. Pads mit zu starkem Abrieb) entstehen Verkratzungen.
- Bei kalkhaltigen Natursteinbelägen (z. B. Marmor, Jura, Solnhofener Platten, Travertin) dürfen keine sauren Reinigungsmittel verwendet werden.
- Bei lösemittelhaltigen Pflegemitteln (z. B. Wachslösungen) können durch falsche Applikation dunkle Flecken entstehen – die Verwendung derartiger Pflegemittel wird nicht empfohlen.
- Schmutzabweisende Imprägnierungen sind zu empfehlen, wenn eine große Gefahr von Öl- und Fettverschmutzungen (z. B. durch Lebensmittel) ausgeht; oft bewirken derartige Produkte Farbveränderungen im Stein.

5.2.11 Betonwerksteinböden

Sie bestehen aus:

- Betonplatten, deren Oberfläche steinmetzmäßig bearbeitet wurde,
- an der Oberseite unterschiedliche Körnungen, z. B. Splitt, Kies oder Natursteinbrocken.

Arten

- Terrazzo: Farbiger Steinsplitt, eingebettet in die Zement-Grundschicht; geschliffen, zum Teil poliert; Einsatz auch für Waschkauen oder Waschrinnen für den Sanitärbereich,
- Agglo-Marmor: Große flache Kalksteine (Marmorstücke) sind in das Zement- bzw. Kunstharz-Bindemittel eingebettet,
- Waschbeton: An der Oberseite wird der Zement rund um die eingebetteten Kieselsteine ausgewaschen; strukturiert.

Eigenschaften

- Sie sind nicht schall- und wärmedämmend.
- Mit Ausnahme von Agglo-Marmor werden sie oft im Außenbereich verwendet.
- Die meisten Betonwerksteinböden haben Kalk bzw. Zement als Bindemittel; besonders polierte Betonwerksteinböden sind deshalb gegen saure Medien (Sanitärreiniger, Cola, Fruchtsäfte etc.) empfindlich.
- Alkoholreiniger sind allgemein empfehlenswert.
- Bei der Grundreinigung von polierten Betonwerksteinbelägen durch Nassscheuern ist darauf zu achten, dass keine Kratzer oder Schäden durch aggressive Chemikalien entstehen.
- Soll das hochglänzende Aussehen polierter Betonsteinbeläge erhalten bleiben, sollte auf die Verwendung von Pflegefilmen verzichtet werden; in diesem Fall empfiehlt sich bei Bedarf die Bearbeitung mit speziellen Diamant-Polier-Pads, die sogar in Verbindung mit Scheuersaugmaschinen verwendet werden können.

Abb. 5/8: Verätzung auf Betonwerkstein durch sauren Reiniger

Typische Oberflächenveränderungen

- Verätzung:
  - Ursächlich ist die Einwirkung von sauren Flüssigkeiten (z. B. Sanitärreiniger).

- Sanierung ist möglich durch Schleifen und Polieren mit speziellen Diamant-Schleif-/Polier-Pads; wenn ein höherer Glanz gewünscht wird, kann abschließend eine Steinkristallisation durchgeführt werden (durch das Polieren kann auf die Steinkristallisation auch verzichtet werden).

5.2.12 Cottobeläge (Terrakottabeläge)

Sie bestehen aus gebranntem Ton.

Eigenschaften

- Je nach Tonart gelbliche, bräunliche oder rötliche Farbe,
- offenporig,
- starke Säuren können zu Farbveränderungen führen.

Besonderheiten

- Bei der Erstreinigung erfolgt die Entfernung von Zementschleier frühestens eine Woche nach der Verlegung. Dazu wird ein spezieller Zementschleierentferner benutzt, der sauer eingestellt ist. Zum Schutz der Zementfugen und um Ausblühungen zu vermeiden, muss gründlich vorgewässert werden.
- Bei Verwendung eines Allzweckreinigers oder Seifenreinigers kann der Belag leicht nachdunkeln.
- Cottobeläge, die ihre Original-Brandfarbe (also kein Nachdunkeln durch Wachs bzw. Patina) beibehalten sollen, werden zweckmäßig mit speziellen Steinimprägnierungsmitteln behandelt, um die porösen Beläge so vor Fleckenbildung, z. B. durch fett- und ölhaltige Substanzen (Küchenbereich) oder Getränkeverschmutzung zu schützen. Eine gute Imprägnierung verändert die Optik nicht.
- I. d. R. wird zur Erstpflege eine Grundierung auf Polymerbasis (diese haftet nur auf einem trockenen Belag) verwendet, um die Poren des Cottobelags zu schließen. Wichtig ist, dass der Belag trocken ist (nach einer Nassbehandlung benötigt der Belag mehrere Tage Trocknungszeit) und dass das Mittel mit Hilfe einer benetzten Reinigungstextilie gleichmäßig verteilt wird. Anschließend kann z. B. eine leicht polierfähige Wachsemulsion (Cotto-Milch) aufgetragen werden.
- Um Cottobelägen einen rustikalen Charakter zu geben, werden sie häufig auch mit einer farbigen Beize behandelt. Dabei wird die Beize mit einem Tuch auf den gewünschten Hell-Dunkel-Effekt (Patina-Effekt) verrieben. Anschließend wird ein Deckwachs aufgetragen, das aufpoliert werden kann.

5.2.13 Keramikfliesen

Sie bestehen aus:

- Ton,
- Kaolin,
- Quarz,
- Feldspat,
- weiteren Zuschlagstoffen.

Arten

- Steingut
  - immer glasiert,
  - gebrannt bei ca. 950 bis 1.100 °C,
  - relativ hohe Wasseraufnahme (> 10 %),
  - nicht frostbeständig,
  - Eignung für den Innenbereich als Wandfliesen,
  - Standardreinigungsmittel: Alkoholreiniger;
- Steinzeug
  - gibt es unglasiert und glasiert,
  - glatte oder strukturierte Oberfläche (Sicherheitsfliesen mit Verdrängungsraum, oft als V-Fliesen bezeichnet),
  - gebrannt bei ca. 1.150 bis 1.350 °C,
  - hohe mechanische Beständigkeit,
  - geringe Wasseraufnahme (< 3 %),
  - frostbeständig,
  - Eignung für innen und außen als Boden- und Wandfliesen,
  - Standardreinigungsmittel: Alkoholreiniger, Allzweckreiniger, bei Bedarf saure oder alkalische Produkte;
- Feinsteinzeug
  - mikroporöse Oberfläche (nicht wenn glasiert oder keramisch versiegelt),
  - gibt es unbehandelt, poliert und glasiert,
  - mit glatter oder strukturierter Oberfläche (Sicherheitsfliesen mit Verdrängungsraum, oft als V-Fliesen bezeichnet),
  - erfüllen mit glatter Oberfläche i. d. R. die Rutschhemmungsklasse R 9,

- gebrannt bei ca. 1.200 °C,
- sehr hart und beständig gegen mechanische Beanspruchung,
- sehr geringe Wasseraufnahme (< 0,5 %),
- Imprägnierung nicht möglich, da die Fliesen nicht saugfähig sind, d.h., die Imprägnierung befindet sich nur an der Oberfläche und nicht im Werkstoff, sodass die wasser- bzw. schmutzabweisenden Substanzen relativ schnell mechanisch abgetragen werden,
- frostbeständig,
- Eignung für innen und außen als Boden- und Wandfliesen,
- Standardreinigungsmittel: tensidfreier Reiniger auf Komplexbildnerbasis, bei Bedarf saure oder alkalische Produkte, vorzugsweise ohne Tenside.

Eigenschaften aller keramischen Fliesen

- Sie sind beständig gegen Säuren (Ausnahme: Flusssäure).
- Sie sind beständig gegen Alkalien (Ausnahme: Silikate, z.B. Natriummetasilikat bzw. Wasserglas).
- Sie sind beständig gegen organische Lösemittel.
- Zementfugen sind säureempfindlich, deshalb ist ein gründliches Vorwässern vor dem Einsatz saurer Behandlungsmittel (z.B. bei der Zementschleierentfernung) erforderlich).
- I.d.R. erfolgt nur eine Reinigung und keine Pflege (Ausnahme: unglasiertes Steinzeug bzw. Klinker können mit wasserlöslichen Wischpflegemittel oder Seifenreiniger gepflegt werden, alternativ kann unglasiertes Steinzeug auch mit einer Fleckschutzimprägnierung behandelt werden).
- Die manuelle Reinigung erfolgt vorzugsweise mit veloursartigen Mikrofaserwischbezügen.
- Strukturierte Sicherheitsfliesen lassen sich bei geringem Verdrängungsraum maschinell mit Aktiv- bzw. Mikrofaserpads reinigen, bei stärker strukturierten Fliesen eignen sich weiche Scheuerbürsten (vorzugsweise Walzenbürst-, Dreischeibenmaschinen oder Maschinen mit Exzenter-Scheueraggregat) oder Hochdruckreiniger mit Flächenreinigungsadapter.
- Verschmutzungen von säurebeständigem Verfugungsmaterial auf Epoxidharzbasis lassen sich nach dem vollständigen Aushärten auf chemischem Wege nicht mehr beseitigen.

Besonderheiten bei Feinsteinzeugfliesen

- Besonders problematisch bei der Reinigung sind Feinsteinzeugfliesen, da sie i.d.R. eine mikroporöse Oberfläche haben.

Abb. 5/9.1: Vergraute Feinsteinzeugfliese (rechte Bildhälfte)

Abb. 5/9.2: Mikroporöse Oberfläche

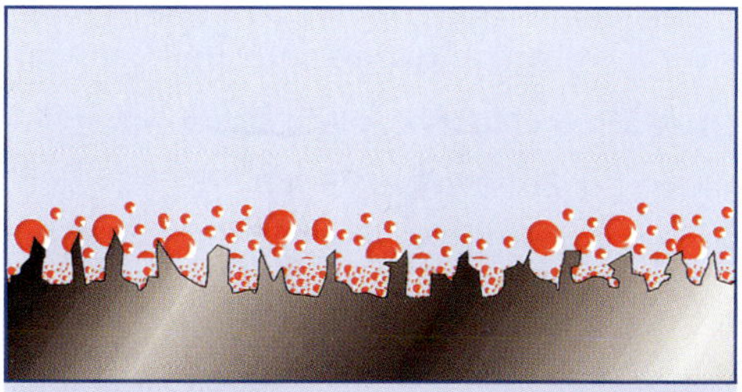

Abb. 5/9.3: Feine Schmutzpartikel dringen in die mikroporöse Oberfläche ein

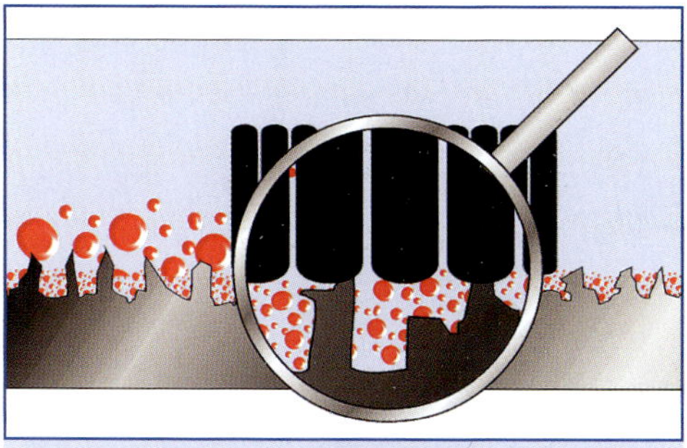

Abb. 5/9.4: Nicht ausreichende Reinigungswirkung mit herkömmlichen Reinigungstextilien/Bürsten

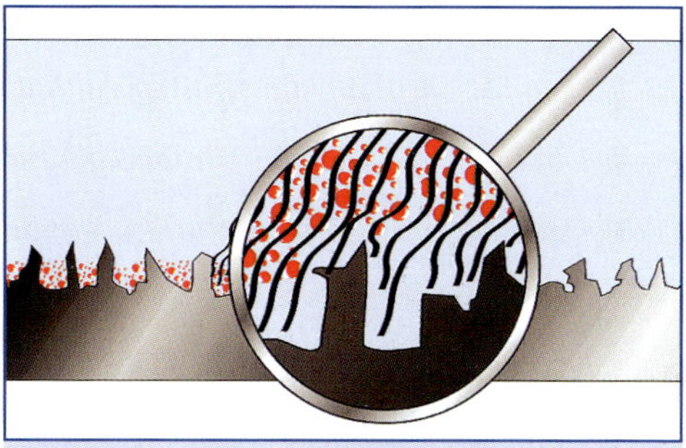

Abb. 5/9.5: Reinigungserfolg durch Einsatz von Aktiv- bzw. Mikrofasern

- Insbesondere bei der Verwendung tensidhaltiger Reinigungsmittel können in diese Mikroporen feinste Schmutzpartikel eindringen, die sich mit herkömmlichen Borstenerzeugnissen oder Reinigungstextilien nicht beseitigen lassen; dies führt oft zu einer Vergrauung der Fliesenoberfläche.
- Außerdem begünstigt die mikroporöse Oberfläche die Anhaftung von Kalk (Wasserhärte) bzw. die Bildung eines speckig wirkenden Kalkschleiers.

Optimale Reinigung von Feinsteinzeugfliesen

- 1. Stufe: Entfernung von lose aufliegendem Schmutz:
  - Trockenmoppen mit speziellen Mikrofaserbezügen,
  - Staubsaugen.
- 2. Stufe: Entfernung von haftenden Verschmutzungen:
  - zweistufiges Nasswischen mit tensidfreien Reinigungsmitteln und Mikrofaserbezügen (durch die schlechte Benetzung können bei polierten Feinsteinzeugfliesen Wischspuren entstehen),
  - maschinelles Nassscheuern bzw. Scheuersaugen unter Verwendung von Aktiv- oder Mikrofaserpads in Verbindung mit tensidfreien Reinigern auf Komplexbildnerbasis,
  - bei hartnäckigen Verschmutzungen erzielt man auch mit Melaminpads sehr gute Ergebnisse; je nach Verschmutzungsart kann auch eine Intensivreinigung mit einem sauren oder alkalischen (vorzugsweise tensidfreiem) Reiniger erforderlich sein – in diesem Fall sind Zementfugen vorzuwässern und abschließend sollte mit klarem Wasser nachgespült werden.

5.3 Reinigungsverfahren für nichttextile Beläge

Eine Vielzahl von Systemen zur Reinigung und Pflege steht dem Gebäudereiniger zur Verfügung. Aus dieser Vielzahl von Möglichkeiten ist es nun die Aufgabe des Profis, das geeignete Verfahren und die optimale Methode zur jeweiligen Problemlösung auszuwählen.

Kriterien für die Auswahl des Reinigungsverfahrens sind:

- Belagsart,
- Verschmutzungsart
  - lose aufliegender Schmutz,
  - haftender Schmutz,
- Verschmutzungsgrad,
- Größe der zu reinigenden Flächen,
- Überstellungsgrad der Flächen,

- Leistungsverzeichnis/Leistungsbeschreibung,
- Zur Verfügung stehende Zeit,
- Qualifikation des Personals,
- Sonderwünsche (z. B. Desinfektion).

Beispiele von Verfahren zur Reinigung und Pflege in Abhängigkeit verschiedener Verschmutzungsarten:

Schmutzart	Beispiel	Reinigungssystem
Lose aufliegender Schmutz		
Grobschmutz	Papierknäuel, Zigarettenreste, teilweise Essensreste etc.	• kleine Flächen - Kehren • große Flächen - Kehrsaugen - maschinelles Kehren
Feinschmutz	Staub, Flaum, Haare	• staubbindendes Wischen • Staubsaugen
Haftender Schmutz		
wasserentfernbar	Straßenschmutz, Winterschmutz, Getränkeschmutz etc.	• kleine Flächen - manuelles Nasswischen (punktuell oder vollflächig) • große Flächen - Scheuersaugen
nicht wasserentfernbar	Absatzstriche, Gehspuren	• Cleanern • Polieren • Poliersaugen
wasserunlöslicher Schmutz	Kaugummi, Graffiti, Farben, Lacke	• Sonderverfahren

5.3.1 Kehren

Manuelle oder maschinelle, trockene mechanische Entfernung von aufliegendem (leicht gebundenem) Schmutz (Staub, Sand, Laub, Papierknäuel etc.) mit Borstenerzeugnissen (Besen, Bürsten, Kehrwalze, Bürstwalze) und Aufnahme in ein Behältnis.

Ziel/Ergebnis

Oberfläche ist frei von aufliegendem Schmutz (Staub, Sand, Papierknäuel, Zigarettenkippen etc.); mit geringen Staubrückständen auf dem Fußboden ist dennoch zu rechnen.

Bemerkungen/Hinweise

Manuelles Kehren mit Besen kommt vorwiegend für sehr kleine Flächen oder für Maschinen unzugängliche Stellen zur Anwendung. Maschinelles Kehren mit Handkehrmaschinen ohne Absaugung eignet sich für kleine Flächen auf der Straße, dem Hof oder in Fabrikhallen etc. Die Reinigungsleistung für Feinschmutz (Stäube) ist aber bei Handkehrmaschinen begrenzt. Handgeführte Geräte arbeiten meistens nach dem Kehrschaufelprinzip und sind i. d. R. mit einem Seitenbesen ausgestattet.

Geräte/Maschinen

- Besen,
- handgeführte Kehrmaschinen.

5.3.2 Kehrsaugen

Trockene, mechanische Entfernung von aufliegendem Schmutz mit Borstenerzeugnissen und gleichzeitiger Absaugung von Staub sowie Aufnahme des Schmutzes in ein Behältnis.

Ziel/Ergebnis

Oberfläche ist frei von Staub und Grobschmutz (Sand, Papierknäuel etc.).

Bemerkungen/Hinweise

Dazu werden Kehrsaugmaschinen eingesetzt, die in einem Arbeitsgang den Schmutz vom Belag durch Kehren (für Grobschmutz) und Saugen (für Feinschmutz) beseitigen. Sie eignen sich für große Flächen wie z. B. Höfe, Straßen, Fabrikhallen, Messehallen, Flugplätze, Bahnhöfe etc. Große Kehrsaugmaschinen arbeiten meist nach dem Überwurfprinzip; die Maschinen sind so in der Lage, mehr Kehrgut aufzunehmen als beim Kehrschaufelprinzip.

Geräte/Maschinen

- Handgeführte Kehrsaugmaschinen mit Fahrantrieb,
- Aufsitz-Kehrsaugmaschinen.

5.3.3 Kehren mit Kehrspänen

Aufbringen der Kehrspäne (Kehrmehle) und Reinigen des Bodens durch anschließendes Kehren. Das Kehrgut wird fachgerecht entsorgt.

Ziel/Ergebnis

Oberfläche ist frei von Sand, Laub, Papierknäueln, Staub; ggf. verbleiben auf der Oberfläche pflegende Substanzen.

Bemerkungen/Hinweise

Je nach Art der eingesetzten Kehrspäne werden gleichzeitig pflegende Substanzen aufgebracht.

- Entfernung von aufliegendem Schmutz ohne Staubaufwirbelung.
- Kehrspäne werden hauptsächlich für großflächige Räume verwendet (z. B. Gewerbe-, Industrieräume).
- Kehrspäne sind Produkte auf Basis feiner Holzspäne, getränkt in Wirkstofflösungen unterschiedlicher Zusammensetzung.
- Man unterscheidet zwischen Wachskehrspänen, Emulsionskehrspänen, Ölkehrspänen und Neutralkehrspänen.
- Kehrspäne werden in einem Streifen auf dem Fußboden angehäufelt; man schiebt dann die Kehrspäne mit dem Besen vor sich her und kehrt den gesamten Boden.
- Problematisch ist insbesondere die Entsorgung der Öl- und Wachskehrspäne.

Geräte

- Besen

5.3.4 Staubbindendes Wischen

Staubbindendes Wischen mit nebelfeuchten oder präparierten Reinigungstextilien bzw. Mikrofasern zur Beseitigung von lose aufliegendem Feinschmutz (Staub, Flaum) und in geringerem Umfang auch für aufliegenden Grobschmutz (Papierknäuel, Pappbecher, Zigarettenstummel etc.) und anschließende Aufnahme des Grobschmutzes in ein Behältnis.

Ziel/Ergebnis

Oberfläche ist frei von Grobschmutz und aufliegendem Feinschmutz (Staub, Flaum). Haftende Verschmutzungen (Getränkeflecken, Straßenschmutz, Absatzstriche) können noch auf der Oberfläche vorhanden sein.

Bemerkungen/Hinweise

- Geeignet zur effektiven Beseitigung von aufliegendem Feinschmutz bei der Unterhaltsreinigung,
- Grobschmutzbeseitigung nur bedingt möglich,
- Entfernung von haftenden Verschmutzungen nicht möglich,
- Voraussetzung zur Anwendung präparierter Tücher sind glatte Bodenbeläge (möglichst ohne tiefer gelegene Fugen),

- bei strukturierten Oberflächen können nur spezielle Mikrofaserbezüge oder Moppvliese zum Trockenmoppen eingesetzt werden,
- gegenüber dem Kehren effektiver, rationeller und hygienischer, da der Staub nicht aufgewirbelt wird,
- kostengünstigstes manuelles Fußbodenreinigungsverfahren,
- hohe Flächenleistung möglich,
- umweltschonend (chemiefrei),
- ergonomisches Reinigungsverfahren.

Man unterscheidet:

- Feuchtwischen (nebelfeucht besprühte oder schleuderfeucht eingesetzte Gaze-, Vliestücher oder Breitwischbezüge, ölimprägnierte Einweg-Vliestücher),
- staubbindendes Wischen mit klebstoffbeschichteten Einweg-Vliestüchern bzw. Vliesstoffen,
- Trockenmoppen mit speziellen Mikrofaser- oder Aktivfaserwischbezügen bzw. Moppvliesen.

Geräte

Bei den Wischgeräten unterscheidet man:

- Kombigeräte zum Trocken-/Feucht- und Nasswischen,
- Trapezwischer (bessere Zugänglichkeit in Ecken),
- für große Flächen werden Wischgeräte mit bis zu 1,60 m Arbeitsbreite angeboten.

Die Beschaffenheit der Vliestücher kann unterschiedlich sein wie z. B.:

- Vliestücher mit und ohne Präparation (z. B. mit speziellem Klebstoff oder Öl) als Einwegvliestücher, d. h. sie werden nach dem Einsatz entsorgt,
- Moppvliese für den Mehrfacheinsatz, d. h. sie werden nach jedem Einsatz gewaschen.

Einwegvliestücher werden aus synthetischen Fasern oder aus regenerierten Zellulosefasern (z. B. Viskose) hergestellt. Qualitätsprodukte machen ein Wischen von Bodenbelägen mit glatter Oberfläche ohne Staubaufwirbelung oder eine Abgabe von Flusen möglich. So können diese Vliestücher beispielsweise auch in Gesundheitseinrichtungen problemlos eingesetzt werden. Ölimprägnierte Tücher können beim Wischen z. T. etwas Öl abgeben, sodass mit der Zeit Schmierfilme entstehen. Optimal eignen sich daher Einweg-Staubbindetücher, die mit einem speziellen Klebstoff imprägniert sind, der beim Wischen nicht abgegeben wird.

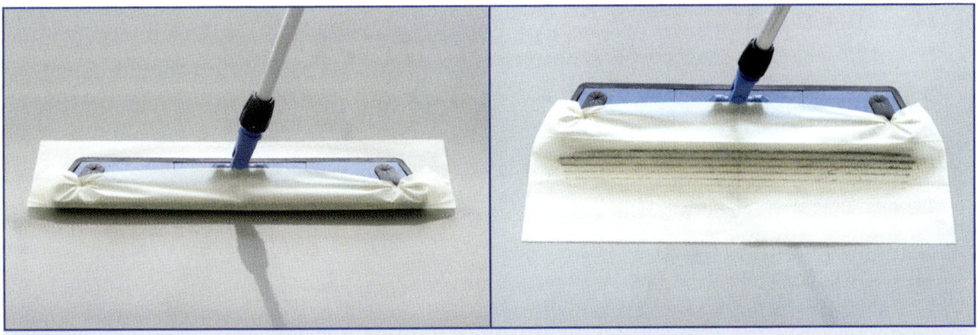

■ Abb. 5/10: Trapezwischer mit Gummilamellen und Einweg-Staubbindetuch (Hersteller: Vileda-Professional)

Bezüge aus Mikro- und Aktivfasern bestehen aus synthetischem Fasermaterial. Diese Bezüge ebenso wie Moppvliese werden zum staubbindenden Wischen nicht angefeuchtet. Beim Wischen laden sich die Fasern elektrostatisch auf und können so den aufliegenden Feinschmutz wie Staub, Flusen, Haare etc. binden. Nach dem Wischen kann das verschmutzte Fasermaterial mittels eines Staubsaugers wieder gereinigt werden. Alternativ können die Wischbezüge auch sortenrein in der Waschmaschine gewaschen werden.

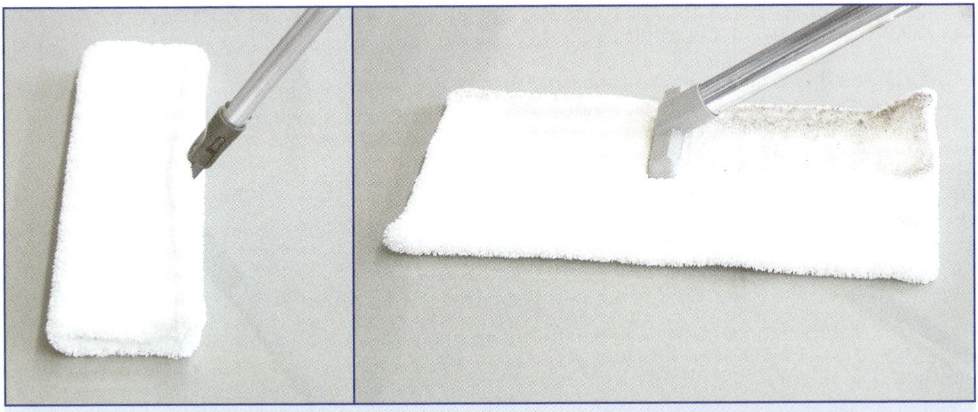

■ Abb. 5/11: Spezieller Mikrofaserbezug zum Tockenmoppen (Hersteller: Vermop)

5.3.5 Nasswischen

Manuelle Nassreinigung mit Reinigungstextilien zur Beseitigung von haftenden Verschmutzungen (Getränkeflecken, Straßenschmutz etc.). Diese Methode kann auch unter Verwendung von geeigneten Mitteln zur desinfizierenden Fußbodenreinigung eingesetzt werden. Setzt man Wischpflegemittel ein, erzielt man gleichzeitig einen Pflegeeffekt.

Ziel/Ergebnis

Oberflächen sollen frei sein von Staub, Grobschmutz, haftenden Verschmutzungen (Getränkeflecken, Straßenschmutz etc.) sowie sonstigen Schmutzrückständen. Absatzstriche können auf den Oberflächen noch vorhanden sein.

Beim Einsatz von Wischpflegemitteln sollen die zurückbleibenden Pflegesubstanzen frei von Schmutzeinlagerungen sein und sich ohne eine aufwändige und umweltbelastende Grundreinigung vom Fußbodenbelag beseitigen lassen. Beim Einsatz von Desinfektionsmitteln sollte eine ausreichende Keiminaktivierung erzielt werden.

Bemerkungen/Hinweise

- Um neben den wasserlöslichen haftenden Verschmutzungen auch den lose aufliegenden Feinschmutz effektiv zu entfernen, ist vor dem Nasswischen grundsätzlich ein staubbindendes Wischen oder Staubsaugen erforderlich.
- Der Einsatz von Breitwischgeräten mit 40 cm Arbeitsbreite und verstellbarem Stiel ist ergonomischer und wirtschaftlicher.

Nasswischmethoden

- Nasswischen, einstufig
  - Der Belag wird in einem Arbeitsgang mit mehr oder weniger stark entwässerten Reinigungstextilien (Mopp, Wischbezug) gereinigt. Die bei diesem Arbeitsgang zurückbleibende Flüssigkeit lässt man abtrocknen. Dem Wischwasser können neben Reinigungsmitteln auch Wischpflege oder Desinfektionsmittel zugegeben werden.
  - Diese Methode eignet sich nur für Bodenbeläge, die keinen hohen Verschmutzungsgrad aufweisen oder die feuchtigkeitsempfindlich sind (sofern die Reinigungstextilien entsprechend stark entwässert wurden). Um eine Kumulation von Reinigungs- oder Desinfektionsmittelrückständen sowie nicht vollständig entfernten Verschmutzungen zu vermeiden, sollte intervallweise (z. B. bei jedem fünften Wischvorgang) zweistufig nassgewischt werden.
  - Das einstufige Nasswischen kann mit Fahreimer und Presse, vorpräparierten (imprägnierten) Bezügen und Wanne mit Abtropfsieb erfolgen.
- Nasswischen, zweistufig
  - Die Zweistufen-Methode stellt das klassische Nasswischverfahren dar. Beim ersten Arbeitsgang wird mit einer Reinigungstextilie (Tüchern, Mopps, Breitwischbezügen etc.) so viel Reinigungsflüssigkeit auf den Belag gebracht, dass haftende, wassergebundene Verschmutzungen aufgeweicht bzw. abgelöst werden. In der zweiten Arbeitsstufe wird die Schmutzflotte wieder mit trockenen oder stark entwässerten Reinigungstextilien aufgenommen.

- Der Reinigungseffekt ist i. d. R. besser als beim einstufigen Nasswischen; außerdem trocknet das Wischwasser schneller ab, sodass die Rutschgefahr verringert wird.
- Das zweistufige Nasswischen kann erfolgen mit Fahreimer und Presse, als „klassische“ Zwei-Bezugswechsel-Methode mit Wanne und Abtropfsieb, als Einspar-Bezugswechsel-Methode (Schüttmethode) oder mit Doppelbreitwischgeräten und spezieller Dosierwanne.

- Punktuelles Nasswischen
  - Bei dieser Methode wird nur eine kleine Fläche von der Gesamtfläche nassgewischt.
  - Da nur punktuell gereinigt wird, ist das Reinigungsergebnis – bezogen auf die Gesamtfläche – eingeschränkt.
  - Das punktuelle Nasswischen ist dort vorteilhaft, wo eine kleine Fläche häufiger als die Gesamtfläche nassgewischt werden muss, z. B. Nasswischen im Bereich von Getränkeautomaten zur Beseitigung von Flecken. Außerdem eignet sich das punktuelle Nasswischen, wenn nur die staubbindende Reinigung vollflächig erfolgt und haftende Verschmutzungen punktuell entfernt werden sollen.
  - Besonders geeignet zum punktuellen Nasswischen sind Breitwischgeräte mit angebrachtem bzw. integriertem Behälter für Reinigungs- bzw. Desinfektionsreinigerlösung.
- Nasswischen kombiniert mit Sprühsystem
  - Bei dieser Reinigungsmethode wird in der ersten Reinigungsstufe die Gebrauchslösung mit einem Sprühgerät abschnittsweise auf die Bodenfläche gesprüht; anschließend wird die benetzte Bodenfläche in der zweiten Arbeitsstufe mit einem Breitwischgerät gewischt.
  - Diese Methode eignet sich für Bodenbeläge, die keinen hohen Verschmutzungsgrad haben oder die feuchtigkeitsempfindlich sind. Der Arbeitsaufwand ist fast so groß wie beim zweistufigen Nasswischen.

Unabhängig davon, welches Nasswischverfahren eingesetzt wird, um ein optimales Ergebnis zu erhalten, sollte im Vorfeld, zur Beseitigung von lose aufliegenden Verschmutzungen (Staub, Flaum, Haare), grundsätzlich ein staubbindendes Wischen erfolgen.

Ursachen von Wischspuren

- Mittel wurde zu hoch dosiert (dies ist der häufigste Fehler!).
- Aufliegender Feinschmutz wurde vorher nicht durch staubbindendes Wischen bzw. Saugen entfernt.
- Wischwasser wird zu selten gewechselt.

- Ständiges einstufiges Nasswischen (mit der Zeit kommt es zu einem Aufbau von Reinigungsmittel- bzw. Desinfektionsreinigerrückständen und nicht vollständig entfernten Verschmutzungen).
- Hoher Verschmutzungsgrad; der Bezug wird zu lange verwendet, ohne dass er zwischendurch ausgewaschen wurde.
- Ungeeignetes Behandlungsmittel.

Zum Nasswischen können unterschiedliche Behandlungsmittel zum Einsatz kommen wie z. B.:

- Allzweckreiniger/Neutralreiniger,
- Alkoholreiniger,
- tensidfreie Reiniger auf Komplexbildnerbasis,
- Wischpflegemittel, die wasserlösliche pflegende Rückstände hinterlassen (Polymere, Seifen),
- wachshaltige Wischpflegemittel,
- polymerhaltige Wischpflegemittel,
- saure Sanitärreiniger,
- Desinfektionsreiniger.

Geräte

Zum modernen Nasswischen verwendet man i. d. R.:

- Breitwischgeräte,
- Breitwischbezüge,
- Fahreimer mit Pressen bzw. Gerätewagen.

Einsatzfertige Breitwischgeräte bestehen aus Stiel, Bezugshalter und Bezug. Ergonomisch vorteilhaft ist neben einem höhenverstellbaren Stiel (optimale Stielhöhe = Schulterhöhe) eine Arbeitsbreite von 40 cm. Mit diesen Breitwischgeräten lassen sich auch relativ hohe Flächenleistungen erzielen. Die Befestigung der Bezüge erfolgt entweder durch angebrachte Laschen bzw. Taschen, in denen der klappbare Bezughalter eingeführt wird, oder durch eine Kletthalterung.

Die Bezüge bestehen aus einem Grundgewebe, an dem Fransen und/oder Schlingen befestigt sind. Besonders gute Reinigungsergebnisse lassen sich mit Mikrofaserbezügen erzielen, die gegenüber herkömmlichen Bezügen jedoch häufig ein schlechteres Gleitverhalten beim Wischen aufweisen.

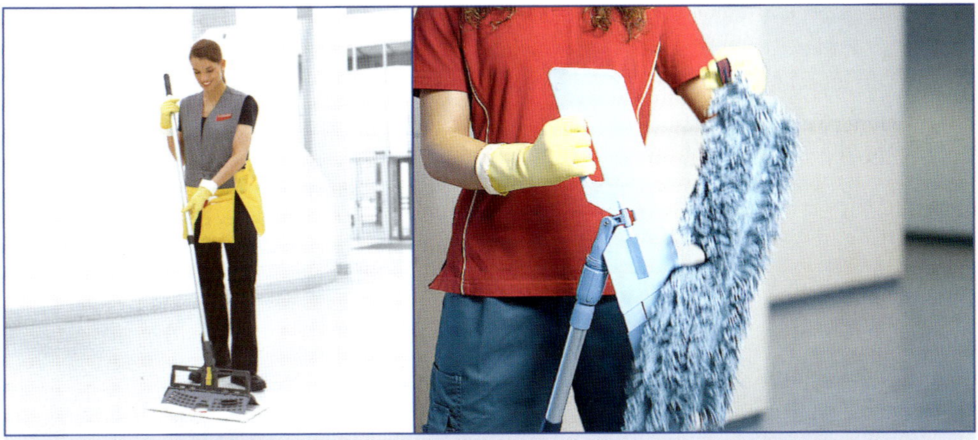

■ Abb. 5/12: Moderne Doppelbreitwischgeräte
(Quelle: Vermop (links), Vileda-Professional (rechts))

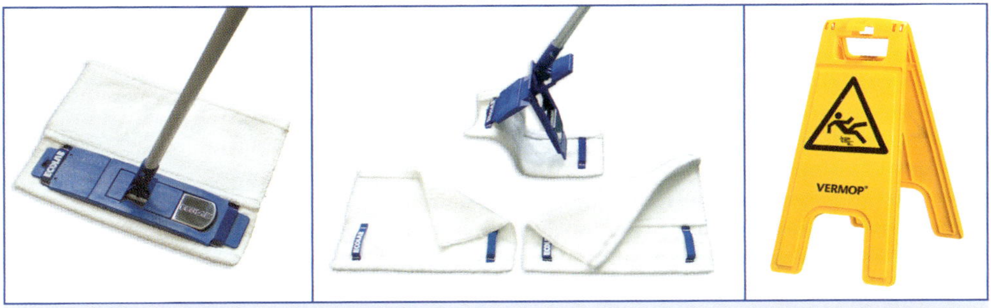

■ Abb. 5/13: links: Modernes klappbares Breitwischgerät mit 40 cm Arbeitsbreite und verschiedenen Mikrofaserbezügen (Quelle: Ecolab); rechts: Warnschild „Warnung vor Rutschgefahr" (Quelle: Vermop)

Fahreimer bestehen entweder aus einem eigenständigen Fahrgestell oder sie sind am Geräte- und Transportwagen befestigt. Man unterscheidet:

- Einfachfahreimer (mit einem einzigen Eimer sowie Presse)
  - bei Einfachfahreimern wird Schmutz- und Reinigungsflotte nicht getrennt (hygienisch und qualitativ von Nachteil),
- Doppelfahreimer (mit zwei farbigen Eimern sowie Presse)
  - Doppelfahreimer sind sehr weit verbreitet; sie eignen sich gut zur Reinigung größerer Flächen,

- der Wischbezug wird grundsätzlich zuerst in den roten Eimer (bzw. Eimer unter der Presse) getaucht, dort ausgewaschen und ausgepresst, bevor er in den blauen Eimer getaucht wird; so wird ein rasches Verschmutzen der Reinigungsflotte im blauen Eimer vermieden.

■ Abb. 5/14: links: Einfachfahreimer mit Rollenpresse (Quelle: Rubbermaid); rechts: Doppelfahreimer mit Korbpresse (Quelle: Ecolab)

■ Abb. 5/15: Breitpresse (Hersteller: Pfennig)

Pressen werden zusammen mit Fahreimern verwendet, um ein manuelles Auswringen der Bezüge zu vermeiden (Verletzungsgefahr durch evtl. am Bezug hängende Glassplitter oder Ähnliches, Hygiene, Allergiegefahr).

Man unterscheidet:

- Korbpressen,
- Breitpressen (Flachpressen),
- Rollenpressen.

Das Funktionsprinzip der Korbpresse kann durch horizontal oder vertikal wirksame Pressbacken erfolgen. Bei der vertikal wirksamen Korbpresse wird der nasse Bezug/Mopp in den Korb eingelegt und der Hebel nach unten gedrückt. Dabei senken sich die Pressbacken von oben nach unten (senkrecht = vertikal) auf das Pressgut und drücken es zusammen. Dieser Typ Korbpresse wird auch als Vertikalpresse bezeichnet.

Die horizontal wirksame Korbpresse ist ähnlich, nur wird bei Hebelbetätigung der Pressbacken nicht von oben nach unten geführt, sondern seitlich gegeneinander (waagrecht = horizontal). Ähnlich wie bei den Korbpressen kann das Entwässerungssystem bei Breitpressen (oft auch als Flachpressen bezeichnet) horizontal oder vertikal wirksam sein.

Bei Breitpressen wird der Bezug samt Halter in die Presse eingelegt und der Hebel betätigt. Da bei dieser Presse der Bezug nicht vom Halter abgenommen werden muss, wird Zeit eingespart. Es besteht außerdem kein Handkontakt mit dem Bezug, daher ist diese Art der Pressen auch hygienischer (wird ausschließlich nassgewischt, müssen bei der Verwendung von Breitpressen keine Handschuhe getragen werden). Bei Breitpressen sind auch die Fahreimer breiter ausgelegt (je nach Bezugsgröße 40 bis 50 cm).

Bei der Rollenpresse werden meist zwei Rollen durch Hebelbetätigung (Bügel oder Fußhebel) gegeneinander oder eine Rolle gegen die Pressenwand gedrückt und der Bezug dazwischen durchgezogen. Für diesen Arbeitsgang ist ein größerer Kraftaufwand erforderlich, da der nasse Bezug kräftig gezogen werden muss. Rollenpressen sind besonders für Nasswischgerätesysteme geeignet, die beim Abklappen des Halters den Bezug nicht freigeben, sondern an den Laschen festhalten. Durch Ziehen am Stiel wird der Bezug dann durch die Rollen gezogen und entwässert.

5.3.6 Nassscheuern

Manuelle oder maschinelle Fußbodenreinigung mit Borstenerzeugnissen oder Reinigungspads zur Beseitigung hartnäckig haftender Verschmutzungen.

Ziel/Ergebnis

Oberflächen müssen frei sein von Grobschmutz, Staub und sämtlichen Schmutzrückständen. Die Oberfläche soll schlieren- und wischspurenfrei sein.

Geräte/Maschinen

- Schrubber, Handpads mit Padhalter,
- Schrubb- bzw. Scheuermaschinen mit geeigneter Scheuerbürste bzw. geeignetem Pad:
  - Einscheibenmaschine als Normalläufer (ca. 150 bis 200 U/min),
  - Dreischeibenmaschine,
  - Walzenbürstmaschine;
- Breit- bzw. Nasswischgerät mit geeignetem Bezug und ggf. Fahreimer mit Presse,
- Nasssauger.

Das manuelle Nassscheuern kommt dann zur Anwendung, wenn die zu reinigenden Flächen für Maschinen nicht zugänglich sind. Zum Einsatz kommen Schrubber, Reinigungs-Handpads evtl. in Verbindung mit Padhalter. Je nach Gegebenheit wird die Schmutzflotte mit dem Nasssauger oder mit Reinigungstextilien aufgenommen.

■ Abb. 5/16: links: Einscheibenmaschine (Quelle: Columbus); rechts: Walzenbürstmaschine (Quelle: Kärcher)

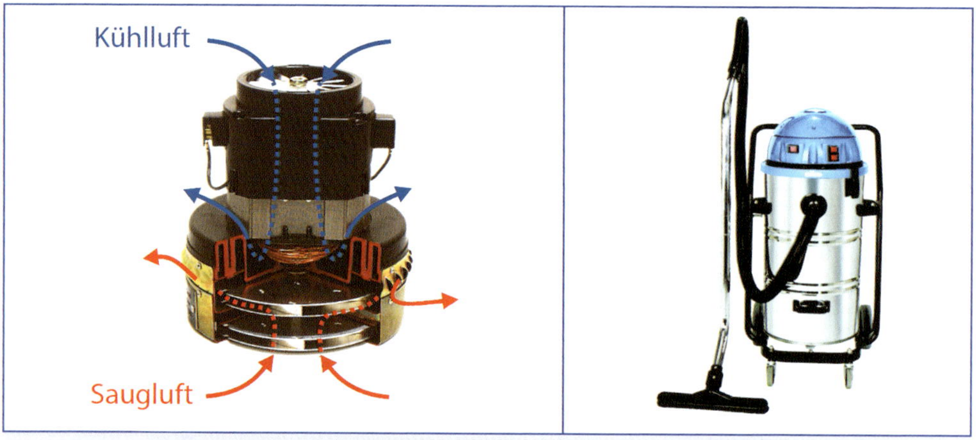

■ Abb. 5/17: links: Bypassgebläse eines Nasssaugers; rechts: Nasssauger (Quelle: Nilco)

Das maschinelle Nassscheuern erfolgt bei größeren Flächen mit Scheuermaschinen unter Verwendung geeigneter Bürsten oder Reinigungspads. Zum Einsatz kommen Einscheibenmaschinen (Normalläufer mit ca. 150 bis 200 U/min), Dreischeibenmaschinen oder Maschinen mit Walzenbürsten in Verbindung mit geeigneten Reinigungsmitteln. Zur Reinigung oberflächenstrukturierter Beläge eignen sich Dreischeiben- und Walzenbürstmaschinen besser als Einscheibenmaschinen. Bei hartnäckigen Verschmutzungen (z. B. bei der Grundreinigung zeigen schwere Maschinen (evtl. mit Zusatzgewicht) bessere Reinigungsergebnisse. Die Schmutzflotte wird mit Reinigungstextilien oder Nasssaugern (oft auch als Wassersauger bezeichnet) aufgenommen.

Merkmale von Nasssaugern sind:

- Bodensauger mit Saugschlauch und Saugdüse,
- zur Aufnahme von feuchten Stoffen oder Flüssigkeiten,
- Kombigeräte werden als Nass-/Trockensauger bezeichnet,
- Nasssauger besitzen Motoren mit Bypassgebläse; d.h. getrennte Systeme für Saug- und Kühlluft (Gegensatz: Durchluftgebläse-Motor, der die Saugluft zum Kühlen des Motors verwendet); Bypassgebläse haben den Vorteil, dass keine Flüssigkeit in den Motor gelangt und dieser auch bei vollem Schmutzwasserbehälter nicht heiß laufen kann.

Bodenreinigungsscheiben/Pads

Vliesstoffe aus Polyester und/oder Polyamid zum manuellen oder maschinellen Scheuern. Je nach Stärke des Abriebs (Abrasivität) sind Pads durch unterschiedliche (nicht genormte) Farben gekennzeichnet.

Abb. 5/18: Unterschiedliche Pads (Quelle: 3M)

Zum Einsatz kommen:

- rote Pads (geringer Abrieb, enthalten feine Schleifkörner) z. B. für
  - Unterhaltsreinigung glatter nichttextiler Beläge,
  - Bauschlussreinigung bei neuen Linoleumbelägen (ohne Entfernung des werkseitigen Acrylatfinishs),
- blaue Pads (mittlerer Abrieb, enthalten feine Schleifkörner) z. B. für
  - Grundreinigung von Belägen, die empfindlich gegen abrasive Mittel sind, wie z. B. Linoleum, Elastomer,
- grüne Pads (mittlerer bis starker Abrieb, enthalten feine Schleifkörner) z. B. für
  - Grundreinigung von Belägen, die empfindlich gegen stark abrasive Mittel sind, wie z. B. Linoleum oder neue PVC-Beläge, die anschließend beschichtet werden sollen,
- braune/schwarze Pads (starker bis sehr starker Abrieb, enthalten grobe Schleifkörner) z. B. für
  - Grundreinigung von Belägen, die relativ unempfindlich gegen stark abrasive Mittel sind, wie z. B. PVC-Beläge, bei denen harte Pflegefilme entfernt werden sollen,
- Aktiv-/Mikrofaserpads (veloursartiger Faserflor, 5 bis 15 mm Florhöhe) z. B. für
  - Reinigung von Feinsteinzeugfliesen mit Mikroporen,

  - Reinigung geschliffener (nicht auf Hochglanz polierter) Natur- oder Kunstwerksteinplatten,
  - Reinigung von leicht oberflächenstrukturierten Belägen, wie z. B. Gumminoppenböden oder manche Sicherheitsfliesen,
- Spezialpads mit Diamantpartikeln (enthalten feine Diamantpartikel in verschiedenen Körnungen) z. B. für
  - das Feinschleifen bzw. Polieren von glatten (nicht oberflächenstrukturierten) Natur- und Kunstwerksteinen oder Kunststoff- bzw. Kunstharzböden,
  - die Sanierung von gekreideten Elastomerbelägen,
  - das Abschleifen von verschlissenen werkseitigen Polyurethanvergütungen.

Nach ihrem Einsatz werden die Pads unter fließendem Wasser bzw. Textilpads in der Waschmaschine gewaschen. Dabei ist darauf zu achten, dass die vom Hersteller angegebene maximale Waschtemperatur nicht überschritten wird.

5.3.7 Scheuersaugen (Automatenreinigung)

Maschinelle Fußbodenreinigung unter Verwendung von Scheuersaugmaschinen mit Borstenerzeugnissen oder Reinigungspads zur Entfernung von losem Feinschmutz und haftenden Verschmutzungen. Der Fußboden wird nassgescheuert und die Schmutzflotte im gleichen Arbeitsgang durch Nasssaugen in den Schmutzwassertank befördert.

Ziel/Ergebnis

Oberflächen sollen frei sein von Staub, Grobschmutz, haftenden Verschmutzungen (Getränkeflecken, Straßenschmutz etc.) sowie sonstigen Schmutzrückständen. Absatzstriche können auf den Oberflächen noch vorhanden sein.

Bemerkungen/Hinweise

Das Scheuersaugen erfolgt mit Scheuersaugmaschinen (Bodenreinigungsautomaten), insbesondere bei größeren Flächen mit geringem Überstellungsgrad. Durch die rasche Trocknung ist der Fußbodenbelag schon nach kurzer Zeit begehbar. In den Reinwassertank der Scheuersaugmaschinen werden schaumarme Reinigungsmittel zugegeben.

Geräte/Maschinen

Scheuersaugmaschinen gibt es mit einer oder mehreren Scheiben (Tellerbürsten) oder mit Bürstenwalzen. Man unterscheidet:

- Mitgänger-Scheuersaugmaschinen ohne und mit Fahrantrieb,

- Fahrerstand-Scheuersaugmaschinen mit Fahrantrieb zum stehenden Mitfahren,
- Aufsitz-Scheuersaugmaschinen mit Fahrantrieb.

Scheuersaugmaschinen werden i. d. R. zum rationellen Reinigen von größeren, wenig überstellten Flächen, z. B. Foyers, Flure, Turnhallen oder Lagerhallen eingesetzt. Um schwerer zugängliche Flächen, die sonst manuell gereinigt werden, gründlicher zu reinigen, empfiehlt es sich, von Zeit zu Zeit eine kleine, wendige Kompakt-Scheuersaugmaschine einzusetzen, die eine Arbeitsweise vor- und rückwärts zulässt.

■ Abb. 5/19: links: Schematische Darstellung einer Mitgänger-Scheuersaugmaschine mit Gehäusetank und Onboard-Dosiersystem (Quelle: Nilfisk); rechts: Kompakt-Scheuersaugermaschine, die vorwärts und rückwärts bewegt werden kann (Quelle: Kärcher)

Scheuersaugmaschinen können netz- oder batteriebetrieben sein. Die Arbeitsbreiten variieren zwischen 30 und ca. 150 cm, bei einem Tankvolumen zwischen 10 und ca. 400 l, wobei der Schmutzwassertank meist 10 bis 20 % größer ist als der Reinwassertank. Zur Reinigung oberflächenstrukturierter Beläge eignen sich Walzenbürstmaschinen und Maschinen mit Exzenter-Scheueraggregat besser als Scheibenmaschinen. Werden trotzdem Scheibenmaschinen eingesetzt, eignen sich vor allem weiche Bürsten. Bei glatten Bodenbelägen werden standardmäßig rote Pads zur Unterhaltsreinigung eingesetzt.

Tipps zum Umgang mit Scheuersaugmaschinen:

- Maschinengröße auf Objekt abstimmen,
- Saugfuß richtig einstellen,

- geeignetes Bürstenmaterial oder Bodenreinigungsscheiben verwenden,
- nicht schäumende Mittel verwenden,
- Fahrgeschwindigkeit und Wasserzufuhr entsprechend Verschmutzungsgrad wählen (besseres Reinigungsergebnis bei geringer Geschwindigkeit),
- maximale Bodenbelastbarkeit beachten,
- Deckel des Schmutzwassertanks richtig aufsetzen,
- beim Wenden Wasserzufuhr und Geschwindigkeit drosseln (Kurvenfahrt),
- nach Tankentleerung Hähne und Schieber wieder verschließen,
- Frisch- und Schmutzwassertanks sauber halten,
- Tankdeckel nach der Reinigung zum Trocknen offen lassen (sonst Schimmelpilzbefall und Geruchsbildung),
- Flusensieb unter Saugaggregat reinigen,
- Elektrodenspitzen/Schwimmer reinigen,
- Sauglippe reinigen und auf Verschleiß prüfen, evtl. erneuern,
- Laufflächen der Antriebsräder säubern,
- Anschlussstutzen am Schmutzwassertank säubern,
- Einlaufbogen im Schmutzwassertank beachten,
- Dichtung an Tankdeckeln prüfen,
- Karosserie pflegen,
- ggf. Ölen und Fetten nach Schmierplan.

5.3.8 Polieren

Geläufig ist auch der Begriff Bohnern. Maschinelle Behandlung mit Bürstenerzeugnissen oder Pads (Bodenreinigungsscheiben) auf unbehandelten oder mit Pflegemittel behandelten Fußbodenbelägen.

Ziel/Ergebnis

Oberflächen sind frei von Verkehrsspuren, Absatzstrichen und Getränkeflecken. Die Optik des Pflegefilms ist einheitlich; je nach Art der Pflegesubstanzen spezielle Glanzerzeugung. Die Trittsicherheit darf nicht eingeschränkt werden.

Bemerkungen/Hinweise

Polieren hat den Zweck, dass Gehspuren auf mit Pflegemitteln behandelten Fußböden beseitigt werden und die Optik (i. d. R. Glanzerzeugung) von Pflegefilmen durch eine maschinelle Behandlung mit Borstenerzeugnissen oder Pads (Bodenreinigungsscheiben) verbessert wird. Die Trittsicherheit darf durch das Polieren nicht eingeschränkt werden.

Beim Polieren nach der High-Speed-Methode erwärmt sich der aufgetragene Film von Polymerdispersionen durch die von der Maschine entstehende Reibung und wird plastifiziert. Es findet dabei eine Verdichtung und Egalisierung des Pflegefilms statt. Gleichzeitig wird die Strapazierfähigkeit gegenüber mechanischen Einflüssen (Kratzern, Gehspuren, Absatzstrichen etc.) sowie die Beständigkeit gegenüber Desinfektionsreinigern verbessert. Insbesondere bei der High-Speed-Methode ist eine optimale Maschinenführung erforderlich, um den richtigen Zustand der Plastifizierung zu erreichen (zu kurze Kontaktzeit auf Pflegefilm bedeutet geringe Plastifizierung und Poliereffekt; zu lange Kontaktzeit führt zum Schmieren des Pflegefilms durch erzeugte Wärme). Thermoplastische Bodenbeläge wie PVC können an der Oberfläche schmelzen, wobei Einbrenner entstehen. Bei schlecht verlegten Bodenbelägen kann ein zufrieden stellender Poliererfolg nur selten erreicht werden.

Durch Polieren erzielt man allgemein:

- wesentlich größere Widerstandsfähigkeit des Pflegefilms gegen Verkehrsspuren,
- wesentlich größere Widerstandsfähigkeit des Pflegefilms gegen Behandlungsmittel (Allzweckreiniger, Desinfektionsreiniger etc.),
- bessere Optik der Beläge,
- Vergrößerung der Grundreinigungsintervalle, dadurch Kosteneinsparung und reduzierte Umweltbelastung.

Geräte/Maschinen

- Einscheibenmaschinen als Normalläufer,
- High-Speed-Maschinen (300 bis 750 U/min),
- Super- bzw. Ultra-High-Speed-Maschinen (750 bis 2.500 U/min).

Normalläufer und High-Speed-Maschinen werden zum Polieren wahlweise mit weichen Polierbürsten oder mit Polierpads (weiß, beige/gelb, evtl. rot) ausgerüstet. Für Super-High-Speed-Maschinen gibt es Spezialpads, die oft Schweineborsten enthalten, weniger dicht gearbeitet sind und den hohen Drehzahlen standhalten.

5.3.9 Poliersaugen

Polieren und gleichzeitige Staubbeseitigung durch Trockensaugen in einem Arbeitsgang; dazu werden Scheibenmaschinen mit einem Saugaggregat ausgerüstet.

Ziel/Ergebnis

Verkehrsspuren und teilweise haftende Verschmutzungen werden beseitigt; die Oberfläche ist – soweit nach dem Stand der Technik durchführbar – staubfrei. Ergebnis wie beim Polieren.

Bemerkungen/Hinweise

Vgl. Abschnitt Polieren.

Geräte/Maschinen

- Einscheibenmaschinen als Normalläufer mit Saugaggregat,
- High-Speed-Maschinen (300 bis 750 U/min) mit Saugaggregat,
- Super- bzw. Ultra-High-Speed-Maschinen (750 bis 2.500 U/min) mit Saugaggregat,
- batteriebetriebene Polierautomaten mit Saugaggregat.

Normalläufer und High-Speed-Maschinen werden zum Polieren wahlweise mit weichen Polierbürsten oder mit Polierpads (weiß, beige/gelb, evtl. rot) ausgerüstet. Für Super-High-Speed-Maschinen gibt es Spezialpads, die oft Schweineborsten enthalten, weniger dicht gearbeitet sind und den hohen Drehzahlen standhalten.

5.3.10 Cleanern (Spraymethode, teilflächig)

Wenn nach der Unterhaltsreinigung das Erscheinungsbild des Bodenbelags aufgrund von Absatzstrichen, Gehspuren und abgenutzten Pflegefilmstellen nicht zufriedenstellend ist, lässt sich dieser Zustand durch Cleanern leicht ändern.

Das Cleanermittel wird mit einem Handsprühkännchen oder durch eine Sprühvorrichtung an einer Einscheibenmaschine bzw. High-Speed-Maschine partiell auf den Bodenbelag gesprüht, wo sich hartnäckige Flecken sowie abgenutzte Pflegefilmstellen befinden. Diese Stellen werden maschinell mit einem geeigneten Pad (z. B. rot) bearbeitet und das Cleanermittel verteilt. Anschließend werden die bearbeiteten Stellen maschinell unter Verwendung geeigneter Pads (beige/gelb, rot) poliert.

Ziel/Ergebnis

Die Oberflächen sind frei von hartnäckigen Flecken, Absatzstrichen, Schrammen, Schleifspuren etc. Abgenutzte Pflegefilmstellen sind saniert und der übrigen Fläche angeglichen. Die Optik (Glanz) ist einheitlich.

Bemerkungen/Hinweise

Es muss darauf geachtet werden, dass die Trittsicherheit nicht eingeschränkt wird. Je nach Cleanermittel kann die Begehsicherheit der Bodenbeläge erheblich beeinträchtigt werden! Zum Polieren sollten der Bodenbelag bzw. Pflegefilm sowie die verwendete Padseite absolut trocken sein, da es ansonsten aufgrund der erhöhten Reibung (Grenze zwischen feucht und trocken) zu Schäden am Belag oder der Einscheibenmaschine kommen kann.

Als Cleanermittel werden verwendet:

- verdünnte Reinigungsmittel ohne Pflegekomponenten (keine Pflegewirkung, nur Reinigungseffekt, wenn z. B. bei feuchtigkeitsempfindlichen Belägen haftende Verschmutzungen entfernt werden sollen),
- schwach verdünnte wasserlösliche Wischpflegemittel,
- lösemittelfreie Emulsionscleaner (für alle wasserbeständigen Beläge geeignet),
- lösemittelhaltige Emulsionscleaner (nicht für Asphaltbeläge und versiegelte Holzböden),
- Lösemittelcleaner (für unversiegelte Holzböden, nicht geeignet für Asphalt- und PVC-Beläge).

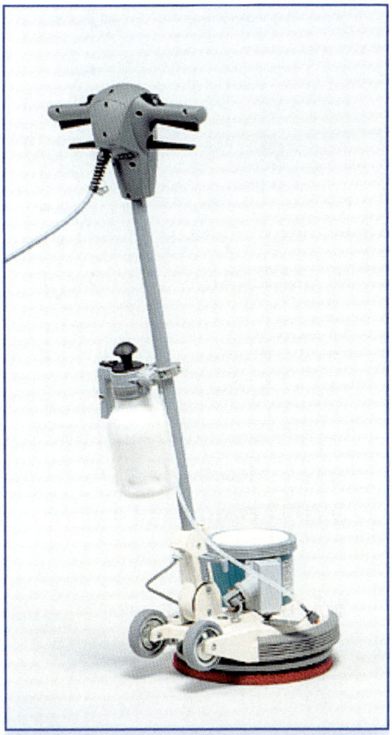

Abb. 5/20: High-Speed-Maschine mit Sprühvorrichtung (Quelle: Tennant)

Geräte/Maschinen

- Einscheibenmaschinen als Normalläufer,
- High-Speed-Maschinen (300 bis 750 U/min).

5.4 Pflegemethoden für nichttextile Beläge

Standardmethoden zur Pflege sind:

- Wischpflege,
- Cleanern (Spraymethode, vollflächig),
- Einpflege mit Selbstglanzdispersion (Beschichtung).

Wischpflege

Der Auftrag durch Nasswischen, indem geeignete Wischpflegemittel dem Wischwasser zugegeben werden, ist eine Möglichkeit um Pflegesubstanzen aufzutragen. Diese Methode ist ein Kombinationsverfahren, bei dem in einem Arbeitsgang gleichzeitig gereinigt und gepflegt wird. Das Wischpflegemittel wird nach Herstellervorschrift dosiert. Allerdings muss man damit rechnen, dass sich bei der Begehung in die weichen Rückstände allmählich Schmutz vom Schuhwerk einlagern kann. Außerdem können Schmutzrückstände von verschmutzter Reinigungsflotte zusammen mit den Pflegekomponenten auf dem Belag verbleiben, sodass es allmählich zu einer Vergrauung kommt. Der Bodenbelag verliert sein ursprünglich gutes Aussehen. Häufige intensive Nassreinigungen durch Nassscheuern sind die Folge von einer nicht fachgerechten Ausführung der Pflegemethode.

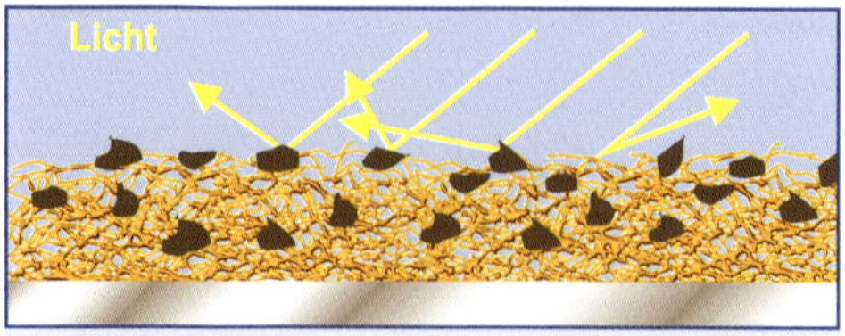

■ Abb. 5/21.1: Wischpflegemittel durch Nasswischen aufgetragen; geringer Glanz; es kommt allmählich zu einer Schmutzeinlagerung in den Pflegefilm; Folge: Vergrauung des Pfegefilms.

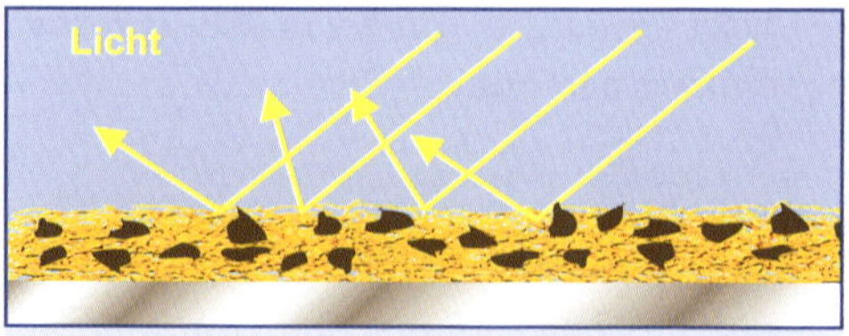

■ Abb. 5/21.2: Werden die Rückstände des Wischpflegemittels erst nach einiger Zeit mit einer Einscheibenmaschine auspoliert, kann zwar der Glanzgrad erhöht werden, jedoch verbleiben die Schmutzpartikel trotzdem im Pflegefilm.

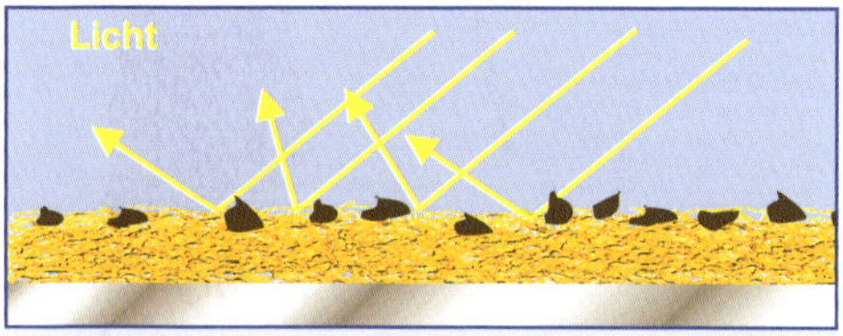

■ Abb. 5/21.3: Mit Scheibenmaschinen, z. B. Einscheibenmaschinen mit 150 bis 220 U/min, kann der Wischpflegefilm durch den Auftrag im Cleanerverfahren verdichtet werden, sodass Schmutzpartikel nur an der Oberfläche verbleiben; Folge: bessere Optik, höhere Strapazierfähigkeit.

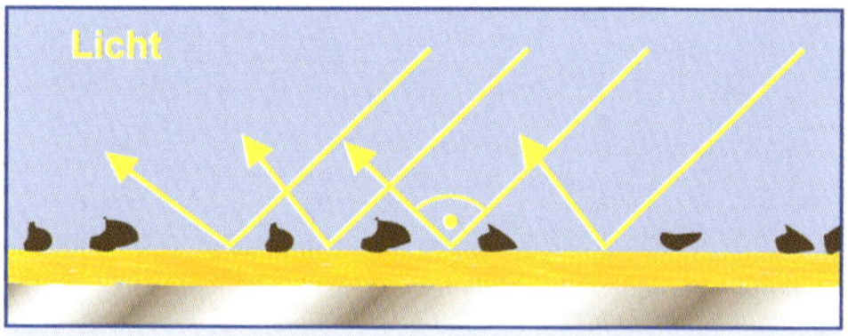

■ Abb. 5/21.4: Durch den Einsatz von High-Speed- bzw. Super-High-Speed-Maschinen lässt sich der Pflegefilm noch mehr verdichten; der Pflegefilm weist einen hohen Glanzgrad auf, ist sehr strapazierfähig und wirkt schmutzabweisend.

Cleanern

Es ist empfehlenswert, das Wischpflegemittel (z. B. auf Basis wasserlöslicher Polymere) im Cleanerverfahren (Dosierung nach Herstellervorschrift) auf den vorher gereinigten Belag aufzutragen und die aufgesprühten Pflegesubstanzen mit einer Einscheibenmaschine (besser ist eine High-Speed-Maschine) so zu verdichten, dass sofort ein strapazierfähiger Pflegefilm entsteht, der die nachfolgende Unterhaltsreinigung erleichtert und den Belag vor mechanischen Einflüssen (Gehspuren, Absatzstrichen etc.) schützt.

Bei verdichteten Pflegefilmen durch Cleanern und Polieren ist es empfehlenswert, zur Beseitigung von Getränkeverschmutzungen und Straßenschmutz beim Nasswischen (Unterhaltsreinigung) nur Allzweckreiniger oder Alkoholreiniger in sehr geringer Anwendungskonzentration (z. B. 1:200 bis 1:400) einzusetzen. Wenn mit Zusatz von Wischpflegemitteln nassgewischt wird, kann es wiederum zu einer Schmutzeinlagerung und somit zu einer Vergrauung kommen. Bei Bedarf kann partiell oder vollflächig wieder gecleanert werden.

Einpflege mit Selbstglanzdispersionen

Bei stark strapazierten Flächen (z. B. Linoleum, PVC, versiegeltes Parkett) ist es ratsam, den Bodenbelag mit einer Polymerdispersion zu beschichten. Dabei werden strapazierfähige Pflegefilme gebildet. Der Auftrag erfolgt mit Hilfe geeigneter Reinigungstextilien. Die Pflegefilme lassen sich nur durch eine Nassgrundreinigung vollständig entfernen. Vorzuziehen ist aber eine trockene Pflegefilmsanierung.

5.5 Sonderbehandlungen für nichttextile Beläge

Trockene Pflegefilmsanierung

Bei einer Pflegefilmsanierung sollen abgenutzte Pflegefilme so bearbeitet werden, dass die Optik und die Nutzungseigenschaften verbessert werden. Ziel einer Pflegefilmsanierung ist es, auf eine umweltbelastende und kostenintensive Grundreinigung zu verzichten bzw. diese im Zeitintervall hinauszuschieben.

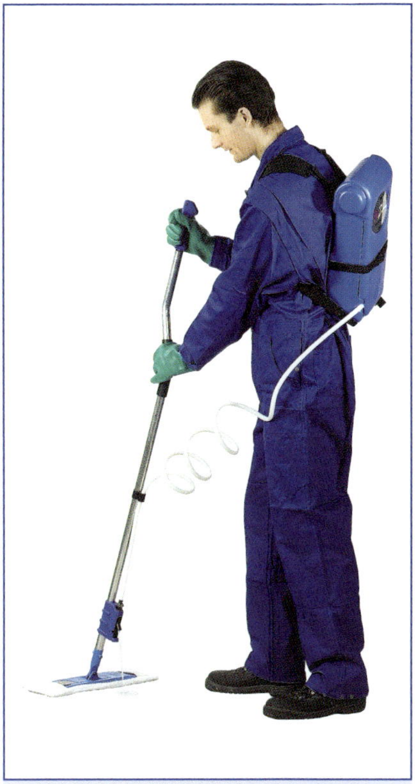

Abb. 5/22: Beschichtungsgerät (Quelle: Ecolab)

Je nach Art der Pflegesubstanz ist auch die Sanierung unterschiedlich:

- Pflegefilme, die aus weichen Rückständen bestehen (Seifenrückstände, wasserlösliche Polymere, Wachse etc.), werden im Cleanerverfahren saniert.
- Pflegefilme, die aus harten Rückständen bestehen (Polymerdispersionen), werden durch eine trockene Pflegefilmsanierung wieder in einen guten Zustand gebracht.

Voraussetzungen zur Durchführung der trockenen Pflegefilmsanierung

- Leistungsfähige High-Speed-Maschine
  - mit Absaugung,
  - mit hohem Drehmoment (~ 42 Nm),
  - mit hohem Gewicht (~ 50 kg),
  - mit hoher Drehzahl (~ 450 U/min),

Abb. 5/23: High-Speed-Maschine zur Sanierung von Pflegefilmen (Quelle: Nilfisk)

- geeignete Pads (Padfarben: dunkelbraun oder grau, blau, rot, beige),
- relativ ebener Bodenbelag.

Vorteile der trockenen Pflegefilmsanierung gegenüber der herkömmlichen Nassgrundreinigung

- Schneller und kostengünstiger,
- partiell anwendbar (Laufstraßen etc.),
- weniger umweltbelastend,
- oberflächenschonender (z. B. keine Gefahr der Schädigung von Linoleumbelägen durch zu hohe Alkalität).

Grenzen der Pflegefilmsanierung

- Unebene Beläge durch schlechte Verlegung,
- der Maschine unzugängliche Stellen,
- alte vergilbte oder vergraute Pflegefilme mit Schmutzeinlagerungen bis zum Untergrund.

Arbeitsstufen bei der Pflegefilmsanierung

- Entfernung von aufliegenden und haftenden Verschmutzungen durch:
  - staubbindendes Wischen,
  - Nasswischen oder Scheuersaugen mit klarem Wasser.
- die zu sanierende Belagsoberfläche mit Sanierungsmaschine unter gleichzeitiger Absaugung des Schleifstaubs mit dunkelbraunem bzw. grauem Pad gleichmäßig anschleifen,
- bei noch ausreichender Dicke der verbleibenden Pflegefilmschicht:
  - auspolieren mit blauem bzw. für höheren Glanzgrad anschließend mit rotem oder beigem Pad,
- bei stark verschlissenem Pflegefilm:
  - Auftrag von ein bis zwei neuen Pflegefilmschichten auf die zuvor mattierten Stellen (gleiches Produkt wie der bestehende Pflegefilm verwenden),
  - nach der Trocknungszeit (ca. ein bis zwei Stunden) Beschichtungsansätze (Pflegefilmüberlappungen) mit der Restfläche durch Einsatz von blauem Pad egalisieren,
  - die gesamte Belagsfläche je nach gewünschtem Glanzgrad polieren (rotes, beiges Pad bzw. Polierbürste).

Top-Stripping

Top-Stripping ist ein modernes Verfahren zur vollflächigen Sanierung beschichteter elastischer Bodenbeläge.

Als Basis für dieses Verfahren empfiehlt es sich, mindestens vier bis fünf Pflegefilmschichten zu applizieren. Oberflächliche Beschädigungen können dann im Nassscheuerverfahren mit einer schweren Einscheibenmaschine und einem geeigneten Schleifpad unter Verwendung von klarem Wasser herausgeschliffen werden. Das Ziel ist eine vollflächig mattierte Beschichtung ohne sichtbare Verschleißspuren (Kratzer).

Wichtig dabei ist, dass die angeschliffene Beschichtung keine Lücke bis auf den blanken Bodenbelag aufweisen darf, da diese auch nach der erneuten Beschichtung sichtbar wäre. Anschließend wird die mattierte Fläche vollflächig neu beschichtet, wobei das gleiche Beschichtungsmittel verwendet werden sollte, um evtl. Haftungsprobleme zu vermeiden. Im Gegensatz zur trockenen Pflegefilmsanierung wird beim Top-Stripping nicht partiell sondern großflächig neu beschichtet.

Vorteile des Top-Stripping-Verfahrens gegenüber der herkömmlichen Nassgrundreinigung:

- Kein Einsatz von alkalischen Grundreinigern; dadurch umwelt- und oberflächenschonender,
- keine Geruchsbelästigung,
- schneller und kostengünstiger.

Grenzen des Top-Stripping-Verfahrens:

- Zu dünner Pflegefilm, Voraussetzung sind mindestens vier bis fünf vorhandene Schichtaufträge,
- Pflegefilme mit starken Verschleißerscheinungen (Kratzern etc.) bis auf den Bodenbelag,
- alte, vergilbte oder vergraute Pflegefilme mit Schmutzeinlagerungen bis zum Untergrund.

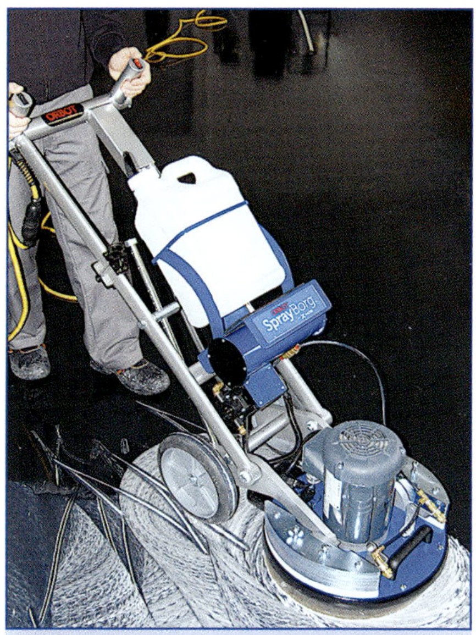

Abb. 5/24: Top-Stripping mittels Scheuermaschine mit Exzenter-Scheueraggregat (Hersteller: HOS) und grauem Pad (Hersteller: Vileda)

Chemische Nassgrundreinigung

Es werden haftende Verschmutzungen und/oder abgenutzte Pflegefilme oder andere Rückstände, die das Aussehen der Oberfläche beeinträchtigen, entfernt. Eine Grundreinigung wird im Allgemeinen nur in größeren Zeitabständen durchgeführt.

Oberflächen sollen frei von haftenden Verschmutzungen bzw. abgenutzten Pflegefilmen oder anderen Rückständen sein. Weiterhin sollen Oberflächen schlieren- und fleckenfrei sein, soweit dies nach dem Stand der Technik möglich ist. Der Zeitpunkt kann vertraglich vereinbart oder als Sonderreinigung festgelegt werden.

Arbeits- und Betriebsmittel	
Reinigungschemie	• für den Fußbodenbelag geeigneter Grundreiniger
Für maschinelle Arbeiten	• Einscheibenmaschine oder Walzenbürstmaschine • Zubehör (Scheuerbürste, Padhalter, grüne bzw. schwarze Padscheiben) • Nasssauger
Für manuelle Arbeiten	• Kehrgeräte (Besen, Handbesen, Kehrschaufel) • Müllbeutel • Nasswischgerät mit Fahreimer und Presse • Randreinigungsgerät • diverse Handpads und Reinigungstücher • Spachtel • Indikatorpapier (pH-Papier)
Schutzausrüstung	• Schutzhandschuhe • Schutzbrille (zum Dosieren) • Gummistiefel • Augenspülflasche • Hautschutzcreme

Durchführung

- Belagsart feststellen,
- Skizze von Mobiliarstellung,
- Beseitigung des Grobschmutzes durch Kehren oder staubbindendes Wischen,
- Geräte bereitstellen,
- Gebrauchslösung herstellen,
- Grundreinigerlösung manuell mit Breitwischgerät oder maschinell mit Scheuerbürste auftragen (Randbereiche mit Handpad benetzen),
- Während der Einwirkzeit:
  - Nasssauger und Doppelfahreimer aufrüsten,
  - Ecken und Kanten manuell bearbeiten;

- Scheuern mit blauem (bei Linoleum) bzw. schwarzem Pad (bei PVC) und Einscheiben- bzw. Walzenbürstmaschine,
- Absaugen der Schmutzflotte mit Nasssauger,
- mit viel klarem Wasser (keinesfalls mit einem sauren Reiniger!) gründlich nasswischen bzw. nassscheuern/scheuersaugen, damit alle Reinigungsmittelrückstände (insbesondere Tenside) vollständig beseitigt werden,
- pH-Wert kontrollieren (neutral bzw. keine Alkalität bedeutet, dass keine Grundreinigerrückstände mehr vorhanden sind),
- Maschinen und Geräte lagerfertig machen,
- nach ausreichender Trocknungszeit kann der grundgereinigte Belag ggf. eingepflegt werden (z. B. drei Aufträge einer Polymerdispersion).

6 Textile Beläge

6.1 Allgemeine Grundlagen

Zu den textilen Belägen zählen z. B. Teppichböden, Teppiche und Läufer. Für die Eigenschaften der textilen Beläge ist das Fasermaterial der Nutz- sowie der Trägerschicht von wesentlicher Bedeutung.

Einteilung der Fasern nach der Herkunft

- pflanzlich (Zellulosefasern, empfindlich gegen Säuren)
  - Baumwolle,
  - Jute,
  - Ramie,
  - Kokos,
  - Sisal,
  - Flachs,
  - Hanf;
- tierisch (Eiweißfasern, empfindlich gegen Alkalien)
  - Wolle,
  - Haare,
  - Seide;
- synthetisch (Kunstfasern)
  - Polyamid,
  - Polyester,
  - Polypropylen,
  - Polyacryl;
- halbsynthetisch (regenerierte Zellulose- oder Eiweißfasern)
  - Viskose,
  - Cupro,
  - Acetat,
  - Kasein.

Es ist auch möglich, dass ein textiler Belag aus Mischfasern besteht. In diesem Fall müssen die Eigenschaften beider Faserarten berücksichtigt werden.

Erkennen der Faserarten durch die Brennprobe

Mit den Fingern Fasern aus dem textilen Flächengebilde zupfen und diese anschließend zu einem Fadengebilde drehen. Danach nicht mit einem Streichholz (hat beim Verbrennen einen Eigengeruch), sondern mit einem Feuerzeug anbrennen (Vorsicht vor Brandverletzungen). Aus Brennverhalten, Geruch und Rückstand lässt sich dann das Fasermaterial bestimmen.

Verhalten bei der Brennprobe	Zellulosefasern	Eiweißfasern	Synthetische Fasern
Verhalten in der Flamme	Brennen rasch, glimmen nach	Brennen langsam (schmoren dabei wie verbrennende Haare)	Brennen bzw. schrumpfen unterschiedlich, schmelzen
Geruch	Verbranntes Papier	Verbranntes Horn/ Haar	Unterschiedlich, meist stechend
Rückstand	Flugasche	Klumpen, der sich mit den Fingern zerreiben lässt	Harter Klumpen (im abgekühlten Zustand), der sich mit den Fingern nicht zerreiben lässt.

6.2 Arten textiler Beläge

Nadelfilz

Nadelfilz besteht aus einem mechanisch durch Nadeln verfestigten Faservlies. Im Gegensatz zum Nadelvlies ist in diesem Fall keine bindende Imprägnierung vorhanden.

Verwendung: Unterlagenfilz beim Verspannen von textilen Belägen.

Nadelvlies

Textiles Flächengebilde, das mechanisch durch Nadeln hergestellt wurde und zusätzlich adhäsiv verfestigt wurde. Diese Verfestigung wird mit Hilfe von Kunststoffen als Bindemittel oder durch thermische Behandlung erreicht.

Gewebte textile Beläge

Textile Flächengebilde, die durch das Verkreuzen von Kett- und Schussfäden auf dem Webstuhl erzeugt werden.

Getuftete textile Beläge

Diese werden im Tuftingverfahren hergestellt (englisch: to tuft = sticken). Dies ist ein Herstellungsverfahren für textile Bodenbeläge, bei dem die Garne mit Nadeln in das Trägermaterial eingearbeitet werden (ohne Kettfaden). Um eine Auftrennung der Garne zu verhindern, ist eine Rückenverfestigung erforderlich (bei Schlingenware können sich Schlingen bei schlechter Verfestigung nahtweise auftrennen). Velours ist eine Tuftingware mit aufgeschnittenen Schlingen.

Beflockte Erzeugnisse/Flockteppichböden

Die zu beflockende Fläche (Vlies, Gewebe) ist vollflächig oder mustermäßig mit einem Kleber versehen. Auf diese Haftmasse werden dann mit Beflockungsanlagen durch elektrostatische Verfahren synthetische Fasern aufgebracht. Dabei werden die Fasern elektrostatisch aufgeladen, wobei unter der zu beflockenden Fläche eine anderspolige Platte angebracht wird. Die aufgeladenen Fasern werden nun durch die Anziehungskraft in den Kleber eingeschossen. Die Abbindung des Klebers erfolgt in einem Trockenofen. Nicht abgebundene Fasern werden durch eine Vakuumvorrichtung abgesaugt. Flock-Teppichböden sind sehr strapazierfähig und behalten ihre Maße auch bei einer Nassreinigung.

Klebepolteppiche

Ein Herstellverfahren, um das Flormaterial nach verschiedenen Techniken (Ondulé-Verfahren, Bartuft-Verfahren, Brandon-Verfahren, Radcliff-Verfahren) durch Kleben auf einen Träger aufzutragen. Man erhält Ware mit Rips bzw. Bouclé-Charakter.

Geknüpfte Erzeugnisse

Diese Herstelltechnik erfolgt bei hochwertigen Orientteppichen durch Einknüpfen von Garnen in ein Grundgewebe.

6.3 Aufbau und Eigenschaften textiler Beläge

Textile Beläge sind fußwarm und schalldämmend. Entgegen der weit verbreiteten Meinung bestehen bei textilen Belägen keine Bedenken im Sinne der Hygiene. Mikroorganismen wie Bakterien oder Schimmelpilze können sich unter normalen Bedingungen im bzw. auf dem textilen Belag nicht vermehren, da es dort i. d. R. zu trocken ist. Trotzdem sollten in hygienesensiblen Bereichen, wo prophylaktische Desinfektionen durchgeführt werden oder entspre-

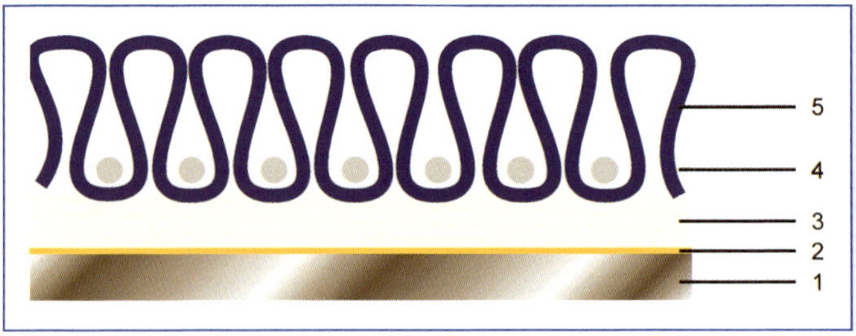

Abb. 6/1: Aufbau eines Teppichbodens
5 = Nutzschicht
4 = Trägermaterial
3 = Rücken
2 = Klebeschicht
1 = Untergrund

chend problematische Verschmutzungen anfallen, keine textilen Beläge verlegt werden. Eine gründliche Reinigung textiler Beläge ist grundsätzlich aufwändig und mit einer mehrstündigen Trocknungszeit verbunden.

Unabhängig davon ist der textile Belag neben Polstermöbeln und Matratzen mit einer der Hauptnistplätze der Hausstaubmilben (ca. 1.000 bis 10.000 Milben pro m^2 textiler Bodenbelag sind als normal zu bezeichnen), sodass Hausstaubmilben-Allergiker unter Umständen asthmaähnliche Beschwerden bekommen (z. B. beim Staubsaugen mit herkömmlichen Staubsaugern). Eine Bekämpfung der Hausstaubmilben kann mit sogenannten Akariziden in Verbindung mit Reinigungsvorgängen vorgenommen werden.

Vgl. Kapitel 2.7 Produkte zur Behandlung von textilen Fußböden.

Aufbau

Problematischer Unterboden	Begründung
Holzboden	Bei der Nassreinigung können Holzböden quellen, sodass es auch an der Oberfläche zu Formveränderungen kommt; evtl. entsteht eine gelbbraune Verfärbung auf dem Belag.
Asphaltestrich (Gussasphalt)	Bei der Fleckentfernung mit organischen Lösemitteln können Bitumenbestandteile aus dem Asphaltestrich gelöst werden; die abgelösten dunklen Substanzen wandern zur Oberfläche hoch und verursachen bräunliche Flecken.
Saugfähiger Estrich	Bei der Nassreinigung können sich saugfähige Estriche mit Wasser/Reinigungsflotte vollsaugen; Folge ist evtl. die Ablösung der Verklebung.
Doppelboden	Bei der Nassreinigung und Durchfeuchtung kann es zur Quellung im Kantenbereich kommen; außerdem können Störungen bei den elektrischen Leitungen durch die eingedrungene Feuchtigkeit entstehen.

Auf den Untergrund werden die textilen Beläge verlegt bzw. verklebt.

Verlegearten bei textilen Belägen sind:

- lose Verlegung,
- vollflächige oder teilweise Verklebung,
- Verspannung,
- magnetische Rückenbeschichtung,
- Klebebänder mit Klettverschluss.

Bei der losen Verlegung werden die textilen Beläge ohne Befestigung auf den Untergrund gelegt. Sie sind bei einer Renovierung bzw. einem Belagsaustausch leicht entfernbar. Lose verlegte textile Beläge sind bei der Nassreinigung nur eingeschränkt formstabil.

Bei der Verklebung wird der textile Belag mit Hilfe eines Klebers oder eines doppelseitigen Klebebands fest mit dem Untergrund verbunden.

Kleber	Merkmale	Reinigungstechnische Besonderheit
Kautschukkleber	Raumluftbelastung, aufgrund der Lösemittel umweltbelastend, bei vollflächiger Verklebung formstabil	Beständig bei Nassreinigung; wird heute kaum mehr verwendet
Dispersionskleber	Umweltorientierte Verklebung	Empfindlich gegen lang einwirkende Nässe (Reemulgierung)
Leitfähiger Kleber	Anthrazitgrauer Dispersionskleber, der Grafit enthält	Vorsicht bei der Nassreinigung (Reemulgierung), da Grafit durch Migration (Wanderung) an die Oberfläche gelangen kann
Wiederaufnahmekleber (WA-Kleber)/Fixierung	Leicht entfernbar (häufig in Mietwohnungen vorzufinden)	Sehr feuchtigkeitsempfindlich (Reemulgierung)
Beidseitiges Klebeband	Nur punktuell Verklebung möglich, leicht entfernbar	Feuchtigkeitsempfindlich

Bei der Verspannung wird der textile Belag nur an den Rändern mit Nagelleisten befestigt und gleichzeitig verspannt. Merkmale sind:

- aufwändige Verlegung,
- Jutegewebe als Rücken (kann bei Durchnässung schrumpfen),
- meist Verlegung auf Filz- oder Schaumstoffunterlage,
- eingeschränkt einsetzbar,
- einfaches Auswechseln des Belags ohne Raumluftbelastung durch Schleifen, Kleben etc.

Bei der magnetischen Rückenbeschichtung handelt es sich um eine spezielle Rückenbeschichtung. Statt herkömmlicher Füllstoffe wird diesem Belag ein spezieller magnetisierbarer Stoff beigemischt. Während der Herstellung wird dieser einem Magnetfeld ausgesetzt, sodass sich die Teile ausrichten und dauerhaft magnetisch bleiben. Damit dieser Bodenbelag magnetisch auf dem Boden haftet, ist ein spezieller Untergrund notwendig. Dies wird durch eine eisenhaltige Spachtelmasse bzw. ein Verlegevlies mit hohem Eisenanteil etc. erreicht. Der Bodenbelag wirkt nach der Verlegung nicht so magnetisch, dass z. B. Büroklammern am Boden haften.

Die Verlegung mittels Haftbänder mit Klettverschluss ist eine relativ neuartige Verlegetechnik. Sie wird vor allem dann angewendet, wenn die textilen Beläge voraussichtlich nur eine kurze Nutzungsdauer haben (stark frequentierte Bürobereiche, Mietwohnungen). Es werden ca. 5 cm breite Haftbänder, die auf der einen Seite eine Klebeschicht und auf der anderen Seite einen Klettverschluss haben, auf den Untergrund aufgeklebt. Zur Fixierung sind nur spezielle textile Beläge geeignet, die als Rücken ein Vlies haben, das sich mit den Kletten des Haftbands verbindet.

Aufgrund der Verlegetechnik halten die Beläge auch bei einer Nassreinigung die Maßhaltigkeit ein. Wenn die Rückseite des textilen Belags aus einer separaten Schicht besteht, spricht man von einem Rücken. Man unterscheidet:

Arten von Rücken	Material	Reinigungstechnische Besonderheit
Latexierte Rückseite	Synthese-Latexbeschichtung, auch als Vorstrich oder Verfestigungsstrich bezeichnet; dient bei getufteten Belägen zur Verfestigung der Polschicht mit dem Trägermaterial; häufig wird der Textilbelag danach noch mit einem Rücken ausgerüstet.	Die Latexbeschichtung ist meist keine geschlossene Schicht und somit wasserdurchlässig; bei feuchtigkeitsempfindlichen Untergründen und Verklebungen kann eine Nassreinigung zu leichten Schäden führen.
Textilrücken, wird auch als kaschierter Rücken, textiler Doppel- oder Zweitrücken bezeichnet	Der textile Belag mit einem textilen Flächengebilde (z. B. Jutegewebe, Synthetikgewebe, Synthetikvlies) beklebt.	Bei der Nassreinigung ist zu beachten, dass diese Rücken sehr saugfähig sind; bei feuchtigkeitsempfindlichen Untergründen und Verklebungen kann eine Nassreinigung zu leichten Schäden führen; Juterücken können nach einer Nassreinigung schrumpfen und Farbausblutungen bewirken.
Schaumrücken	Synthese-Latex oder Polyurethanschaum; findet heutzutage nur noch selten Verwendung.	Manche Schaumrücken können Nässe ähnlich wie ein Schwamm aufsaugen, wodurch es zu langen Trocknungszeiten kommt; bei feuchtigkeitsempfindlichen Untergründen und Verklebungen kann eine Nassreinigung zu Schäden führen.
Schwerbeschichtung	Wird speziell bei Teppichfliesen angewendet. Für die Schwerbeschichtung werden z. B. Bitumen, Polyolefin, Polyvinylchlorid oder Polyurethan verwendet.	Schwerbeschichtungen sind i. d. R. wasserundurchlässig, jedoch kann ggf. Nässe im Bereich der Stoßkanten zwischen den Teppichfliesen eindringen und bei feuchtigkeitsempfindlichen Untergründen und Verklebungen zu Schäden führen; die Verwendung von organischen Lösemitteln kann insbesondere bei Bitumenrücken bräunliche Flecken in der Polschicht hervorrufen.

Bei der Einteilung nach der Oberflächenstruktur wird unterschieden in Beläge mit und ohne Pol (Flor). Ein textiler Bodenbelag mit Pol ist definiert als ein Bodenbelag mit einer textilen Nutzschicht aus Garnen oder Fasern, die aus einer Grundschicht (Träger) hervortreten. Textile Bodenbeläge ohne Pol sind gemäß DIN ISO 2424 definiert als Bodenbeläge aus einer nicht polartigen Nutzschicht und evtl. einer Grundschicht.

Nutzschichten bei textilen Belägen mit Pol gibt es z. B. als:

- schlingenartige Oberfläche (Bouclé, Berber, Scroll),
- veloursartige Oberfläche/Schnittflor (Velours, Saxony),
- schlingenveloursartige Oberfläche (Cut-Loop, Random-/Tip-Sheared).

Nutzschichten bei textilen Belägen ohne Pol gibt es z. B. als:

- Nadelvlies, Kugelgarn,
- grob gewebte Teppiche, z. B. Sisal oder Kokos.

6.4 Reinigungsverfahren für textile Beläge

- Unterhaltsreinigung
  - Staubsaugen,
  - Bürstsaugen,
  - Fleckentfernung (Detachur);
- Zwischenreinigung
  - Reinigung mit Teppichreinigungspulver,
  - Faserpadreinigung,
  - Trockenshampoonierung;
- Grundreinigung
  - Sprühextraktion,
  - Kombination von Shampoonierung und Sprühextraktion,
  - Kombination von Faserpadreinigung und Sprühextraktion.

6.4.1 Staubsaugen

Trockenes Absaugen von lose aufliegenden oder schwach anhaftenden Verschmutzungen mittels Staubsauger.

Ziel/Ergebnis

Die Oberfläche soll frei sein von Grobschmutz, Staub und Flaum. Haftende Verschmutzungen bzw. in den Teppichflor eingedrungene Substanzen (z. B. Getränkeflecken) können noch auf der Oberfläche vorhanden sein. Saugen eignet sich für alle Beläge, allerdings ist der Reinigungserfolg begrenzt.

Bemerkungen/Hinweise

Bei textilen Belägen ist nur dann ein gutes Ergebnis der Entstaubung zu erwarten, wenn leistungsstarke Sauger in angepasster Arbeitsgeschwindigkeit eingesetzt werden und die gesamte Fläche bearbeitet wird. Bei Staubsaugern mit Filterbeutel nimmt die Saugleistung mit zunehmendem Füllstand des Filterbeutels ab, da die feinen Poren immer stärker verstopfen. Deshalb empfiehlt es sich, den Filterbeutel bei einem Füllstand von ca. 50 % gegen einen frischen auszutauschen.

Geräte/Maschinen

- Staubsauger (Trockensauger),
- zentrale (stationäre) Staubsauganlagen.

Im gewerblichen Bereich kommen neben Bodenstaubsaugern auch Rucksackstaubsauger zum Einsatz. Diese eignen sich besonders für Über-Kopf-Arbeiten, für die Reinigung von Treppenhäusern oder Verkehrsmitteln.

Bodenstaubsauger (Kesselsauger) sind mit Rollen ausgestattete Geräte. Qualitätsprodukte können durch Ziehen am Saugschlauch so an andere Arbeitsflächen hingeführt werden, dass ein Kippen der Geräte ausgeschlossen ist.

Innovativ sind akkubetriebene Geräte. Durch die Unabhängigkeit vom Netz sind schwer zugängliche Bereiche, wie z. B. Treppenhäuser, Theaterbestuhlungen, Verkehrsmittel etc. einfacher zu reinigen. Außerdem lässt sich in Abhängigkeit der Gegebenheiten vor Ort aufgrund der verringerten Rüstzeiten und der größeren Bewegungsfreiheit eine Zeiteinsparung von ca. 10 bis 20 % gegenüber netzbetriebenen Staubsaugern erzielen.

Abb. 6/2: links: Akku-Staubsauger (Quelle: Vermop); rechts: Akku-Rucksackstaubsauger (Quelle: Numatic)

Merkmale von Staubsaugern (Trockensaugern):

- Sauger haben einen Saugschlauch und eine Bodendüse mit Borstenreihen oder Gummi- bzw. Kunststofflippen; als Zubehör gibt es z. B. Fugendüsen, Polsterdüsen, Heizkörperbürsten und Pinseldüsen etc.
- Reine Trockensauger besitzen Motoren mit Durchluftgebläse, d. h., die Saugluft wird zum Kühlen des Motors verwendet.

Merkmale von zentralen (stationären) Staubsauganlagen:

- Das Sauggerät befindet sich zentral im Gebäude (z. B. im Keller). In jedem Raum befinden sich Adapterdosen, an die der Saugschlauch mit entsprechendem Zubehör angeschlossen werden kann.
- Sie bieten bei der Unterhaltsreinigung von textilen Belägen erhöhte Luftreinheit.
- Sie sind geräuscharm.
- Es entstehen keine Staubaufwirbelungen.
- Beim Staubsaugen werden keine Allergene (z. B. von Hausstaubmilbenexkrementen) in die Raumluft gewirbelt.
- Sie sind besonders geeignet für Hotels und hygienesensible Bereiche.

6.4.2 Bürstsaugen

Mechanisches Bürsten des Belags und trockenes Absaugen von lose aufliegenden oder schwach anhaftenden Verschmutzungen.

Ziel/Ergebnis

Beseitigung von lose aufliegenden oder mechanisch auf der Oberfläche anhaftenden Verschmutzungen.

Bemerkungen/Hinweise

Bei textilen Belägen ist nur dann ein gutes Ergebnis der Entstaubung zu erwarten, wenn leistungsstarke Bürstsauger in angepasster Arbeitsgeschwindigkeit eingesetzt werden und die gesamte Fläche bearbeitet wird. Bei Bürstsaugern mit Filterbeutel nimmt die Saugleistung mit zunehmendem Füllstand des Filterbeutels ab, da die feinen Poren immer stärker verstopfen. Deshalb empfiehlt es sich, den Filterbeutel bei einem Füllstand von ca. 50 % gegen einen frischen auszutauschen.

Nicht zu empfehlen ist das Bürstsaugen bei:

- Belägen mit grober, rustikaler Schlinge (Berberstruktur); es entsteht eine Verfilzung,

Abb. 6/3: links: Prinzip einer Bürstsaugmaschine (Quelle: Kärcher); rechts: Bürstsaugmaschine (Quelle: Sebo)

- Nadelvlies- und Kugelgarnbelägen; es entsteht eine Aufrauung, sodass sich Schmutzteilchen besser mechanisch verankern können; schnellerer Verschleiß,
- Belägen, die sich stark elektrostatisch aufladen können.

Geräte/Maschinen

- Bürstsaugmaschinen (Bürstsauger).

6.4.3 Teppichkehren

Maschinelles Kehren bzw. Kehrsaugen von textilen Belägen zur Entfernung von lose aufliegenden oder schwach anhaftenden Verschmutzungen.

Ziel/Ergebnis

Beseitigung von lose aufliegenden oder mechanisch auf der Oberfläche anhaftenden Verschmutzungen.

Bemerkungen/Hinweise

Teppichkehren eignet sich speziell für große Flächen mit geringem Überstellungsgrad. Die Entfernung von feinem Staub ist relativ gering; es werden hauptsächlich gröbere Schmutz-

Abb. 6/4: Kehrsaugmaschine (Quelle: Hako)

partikel (Sandkörnchen etc.) aufgenommen. Aufgrund der starken Bürstmechanik kommt es zu einem schnelleren Verschleiß durch Faserabrieb als beim Staubsaugen und Bürstsaugen.

Geräte/Maschinen

- Handgeführte Kehrmaschinen ohne und mit Fahrantrieb,
- Aufsitz-Kehrsaugmaschinen.

Die eingesetzten Maschinen entsprechen den Kehr- und Kehrsaugmaschinen für nichttextile Beläge, sind jedoch mit speziellen (weicheren) Teppichbürsten ausgestattet.

6.4.4 Fleckentfernung (Detachur)

Gemeint sind Flecken, die sich mit marktgängigen Fleckentfernungsmitteln beseitigen lassen. Flecken sind spezifisch nach dem jeweiligen Stand der Technik zu bearbeiten (am effektivsten ist die Sprühextraktionsmethode). Behandelte Fleckstellen sind so zu bearbeiten, dass eine Wiederanschmutzung durch Restsubstanzen ausgeschlossen ist (gründliches Nachspülen mit klarem Wasser).

Ziel/Ergebnis

Oberfläche frei von punktuell in den Flor eingedrungenen, haftenden Verschmutzungen.

Bemerkungen/Hinweise

Eine Fleckentfernung ersetzt keine Grundreinigung in gewissen Zeitabständen.

Geräte/Maschinen

- Saugfähige Tücher bzw. Lappen oder Aktiv- bzw. Mikrofaserpads zur manuellen Fleckentfernung,
- Einscheibenmaschine als Normalläufer (ca. 150 bis 200 U/min) mit Faser- bzw. Garnpad für größere Flecken (*vgl. Garnpad-/Faserpadreinigung*),
- Sprühextraktionsgerät (*vgl. Sprühextraktion*).

6.4.5 Reinigung mit Teppichreinigungspulver (Teppichreinigungsgranulat)

Ein geeignetes Teppichreinigungspulver wird auf den Belag aufgestreut und mit Bürstenerzeugnissen manuell oder maschinell einmassiert. Nach dem Trocknen des Pulvers wird dieses gründlich mit einem leistungsstarken Bürstsauger abgesaugt.

Ziel/Ergebnis

Begrenzter Reinigungserfolg, daher als Zwischenreinigung einzustufen. Die Oberfläche soll nach dem Stand der Technik möglichst frei von in den Flor eingedrungenen, haftenden Verschmutzungen sowie von aufliegendem Staub und Flaum sein.

Bemerkungen/Hinweise

Dieses Verfahren ist für feuchtigkeitsempfindliche Beläge geeignet. Es besteht das Problem einer raschen Wiederanschmutzung und der Staubbildung durch die nicht vollständig entfernbaren Pulverrückstände. Eine Anwendung auf Nadelvlies sowie hochflorigen Belägen darf nicht erfolgen, da sich bei diesen Belägen das Pulver keinesfalls mehr gründlich entfernen lässt. Werkseitige Antisoiling-Imprägnierungen werden durch Tensidrückstände des Teppichreinigungspulvers beeinträchtigt.

Geräte/Maschinen

- Walzenbürstmaschine oder Einscheibenmaschine als Normalläufer (ca. 150 bis 200 U/min) mit weichen Bürsten,
- Bürstsaugmaschine.

6.4.6 Garnpad-/Faserpadreinigung

Verfahren zur Zwischenreinigung von textilen Belägen, nach dem Aufsprühen von einer tensidfreien Reinigungslösung erfolgt eine Bearbeitung mit speziellen Garnpads oder Faserpads unter Verwendung einer Einscheibenmaschine.

Ziel/Ergebnis

Begrenzter Reinigungserfolg, daher als Zwischenreinigung einzustufen. Die Oberfläche soll nach dem Stand der Technik möglichst frei von in den Flor eingedrungenen, haftenden Verschmutzungen sowie von aufliegendem Staub und Flaum sein.

Bemerkungen/Hinweise

- Besonders für feuchtigkeitsempfindliche Beläge geeignet,
- sehr kurze Trocknungszeit,

■ Abb. 6/5: Garn- und Faserpads

- keine Begünstigung der Wiederanschmutzung,
- keine Raumluftbelastung,
- werkseitig aufgebrachte Imprägnierung bleibt erhalten,
- sehr rationelle Methode.

Geräte/Maschinen

- Staubsauger oder Bürstsauger,
- Drucksprühgerät,
- Einscheibenmaschine als Normalläufer (ca. 150 bis 200 U/min) mit Faser- bzw. Garnpad.

Teppichreinigungspads

- Faserpads
  - mit einem veloursartigen Flor, je nach Ausführung 5 bis 15 mm Florlänge, meist aus Polyester und/oder Polyamid,
  - zum Einsatz kommen sowohl Aktiv- als auch Mikrofasern.
- Garnpads (Bonnets)
  - mit einer schlingenartigen Oberfläche, je nach Ausführung 5 bis 25 mm Schlingenlänge,
  - als Fasern kommen Polyacrylnitril, Polyester und Polyamid (auch in Mischungen) zum Einsatz.

Die Flächenleistung pro eingesetztem Pad ist abhängig vom Verschmutzungsgrad der zu reinigenden Fläche und liegt i. d. R. zwischen 5 bis 15 m² pro Padseite, wobei Aktiv- und Mikrofaserpads meist nur einseitig und Garnpads meist zweiseitig benutzt werden können. Es sind entsprechend viele Pads bereit zu halten, die nach dem Einsatz wieder in der Waschmaschine gewaschen werden. Wenn keine ausreichende Menge an Pads zur Verfügung steht, können diese auch zwischendurch ausgewaschen und weiter verwendet werden.

6.4.7 Reinigung mit Walzenbürstmaschinen

Aufbringen einer geeigneten Reinigungslösung (z. B. tensidfreier Reiniger auf Komplexbildnerbasis oder Spezialreiniger, die nach der Einkapselungstechnologie arbeiten) und Einmassieren unter Verwendung einer Walzenbürstmaschine mit weichen Walzenbürsten. Je nach

Abb. 6/6: Zwischenreinigung mit Walzenbürstmaschine und Reinigungsmittel, das nach der Einkapselungstechnologie arbeitet (Quelle: Kärcher)

Maschinentyp erfolgt die Aufnahme der Schmutzflotte in der gleichen Arbeitsstufe durch ein Transportsystem oder durch eine zusätzliche Absaugvorrichtung, die auch ein zweistufiges Arbeiten erlaubt. Bei Walzenbürstmaschinen ohne Transportsystem oder Absaugvorrichtung werden nach vollständiger Trocknung des Belags die Trockenrückstände mit einem leistungsstarken Bürstsauger abgesaugt.

Ziel/Ergebnis

Begrenzter Reinigungserfolg, daher als Zwischenreinigung einzustufen. Die Oberfläche soll nach dem Stand der Technik möglichst frei von in den Flor eingedrungenen, haftenden Verschmutzungen sowie von aufliegendem Staub und Flaum sein.

Bemerkungen/Hinweise

Die eingesetzten Mittel sollen eine rasche Wiederanschmutzung verhindern.

6.4.8 Shampoonierung (Trockenshampoonieren, Nassshampoonieren)

Reinigen des Belags mit Bürstenmaschinen unter Verwendung einer geeigneten Shampoolösung; anschließend Absaugen der Schmutzflotte (Schaum).

Ziel/Ergebnis

Die Oberfläche soll nach dem Stand der Technik möglichst frei von in den Flor eingedrungenen, haftenden Verschmutzungen sowie von aufliegendem Staub und Flaum sein.

Abb. 6/7: Shampoonierung (Quelle: Cleanfix)

Bemerkungen/Hinweise

Je nach Beschaffenheit des Schaums unterscheidet man Trockenshampoonierung (Schaum wird bereits in der Maschine produziert) und Nassshampoonierung (Schaum wird durch Reibung auf dem mit Shampoolösung durchtränkten Textilbelag erzeugt). Die eingesetzten Mittel sollen eine rasche Wiederanschmutzung verhindern.

Beim Trockenshampoonieren ist der Reinigungserfolg begrenzt, daher wird diese Methode als Zwischenreinigungsverfahren eingestuft. Das Nassshampoonieren zählt als Grundreinigungsverfahren, wird jedoch i. d. R. nur noch in Kombination mit einer Sprühextraktion durchgeführt.

Vgl. Abschnitt Kombination Shampoonierung/Sprühextraktion.

Geräte/Maschinen

- Staubsauger oder Bürstsauger,
- Einscheibenmaschine als Normalläufer (ca. 150 bis 200 U/min) mit Tank und weicher Shampoonierbürste,
- weiche Teppichflorbürste bzw. weicher Schrubber zum Aufrichten des Teppichflors.

6.4.9 Sprühextraktion

Einsprühen der Reinigungslösung unter Druck (evtl. mit mechanischer Unterstützung durch Bürsten) bei gleichzeitigem Absaugen der Schmutzflotte; veloursartige und hochflorige Beläge aufbürsten; Textilbelag trocknen lassen; ggf. Nachdetachur.

Ziel/Ergebnis

Oberfläche, die frei von haftenden, in die Polschicht (Flor) eingedrungenen Verschmutzungen ist – soweit nach dem Stand der Technik durchführbar – ebenso von Staub und Flaum.

Bemerkungen/Hinweise

- Wegen des guten Reinigungseffekts ist diese Methode zur Grundreinigung geeignet.
- Um einen verbesserten bzw. guten Reinigungseffekt zu erhalten, sollte die Reinigungslösung im ersten Arbeitsgang auf den vorher staubgesaugten Belag vorgesprüht werden; die

Sprühextraktion erfolgt dann nur mit klarem Wasser, um den gelösten Schmutz sowie die Reinigungsmittelrückstände aus dem textilen Belag herauszuspülen.

- Die eingesetzten Mittel sollen eine rasche Wiederanschmutzung verhindern (deshalb vorzugsweise tensidfreie Reiniger auf Komplexbildnerbasis verwenden).
- Werkseitige Antisoiling-Imprägnierung wird bei der Verwendung tensidhaltiger Sprühextraktionsreiniger beeinträchtigt.
- Lange Trocknungszeiten/eingeschränkte Nutzung.
- Gefahr der Schädigung feuchtigkeitsempfindlicher Beläge.
- Raumluftbelastung während der Trocknungszeit – insbesondere bei der Verwendung tensidhaltiger Produkte.

Geräte/Maschinen

- Staubsauger oder Bürstsauger,
- ggf. Drucksprühgerät,
- weiche Teppichflorbürste bzw. weicher Schrubber zum Aufrichten des Teppichflors,
- Sprühextraktionsgerät
  - Geräte ohne und mit Heizaggregat,
  - Geräte, die ausschließlich über einen Reinwassertank versorgt werden,
  - Geräte mit zusätzlichem Schlauchanschluss an die Wasserzuleitung,
  - Geräte mit zusätzlicher Reinigungsmechanik (Bürste),
  - Sprühextraktions-/Teppichreinigungsautomaten.

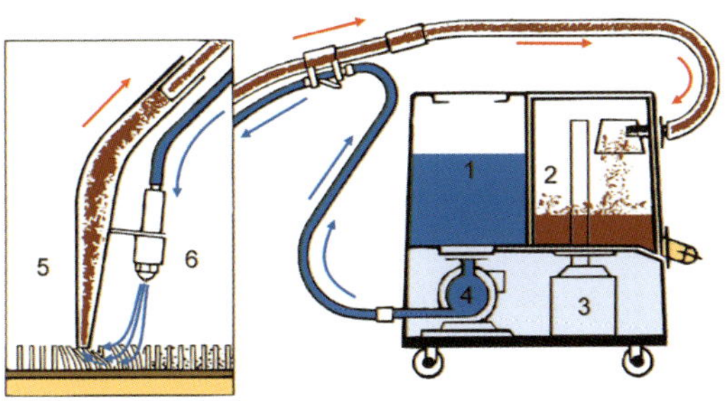

Abb. 6/8: links: Schnittbild eines Sprühextraktionsgeräts: 1) Reinwassertank; 2) Schmutzwassertank; 3) Vakuumturbine; 4) Reinwasserpumpe; 5) Adapter; 6) Sprühdüse; rechts: Sprühextraktionsautomat (Quelle: Taski)

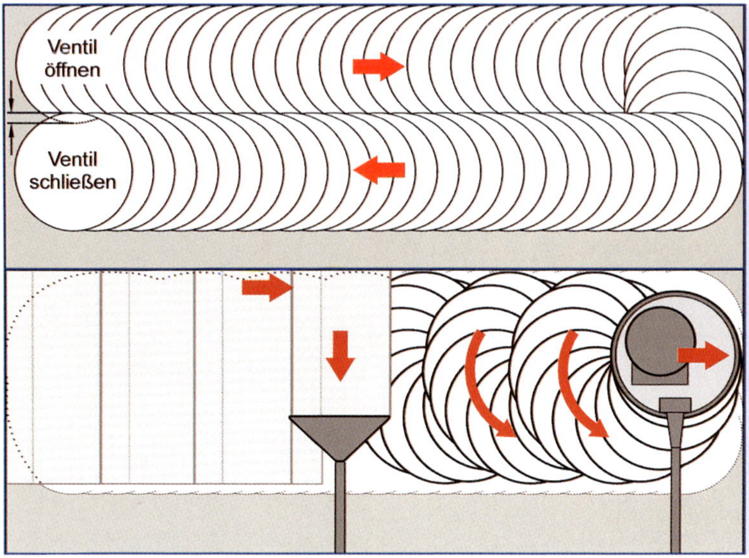

Abb. 6/9: Kombination Shampoonierung/Sprühextraktion

Sprühextraktionsgeräte sprühen Wasser bzw. die Reinigungsflotte über eine oder mehrere Düsen aus einem Reinwassertank in den Flor des textilen Belags. Der durch die Reinigungsflotte gelöste Schmutz wird sofort durch einen wenige Zentimeter hinter der Düsenleiste liegenden Saugschlitz in den Schmutzwassertank gesaugt.

6.4.10 Kombination Shampoonierung/Sprühextraktion

Shampoonieren des Belags mit Bürstenmaschinen unter Verwendung einer geeigneten Shampoolösung; sprühextrahieren mit klarem Wasser; veloursartige und hochflorige Beläge aufbürsten; Textilbelag trocknen lassen; ggf. Nachdetachur.

Ziel/Ergebnis

Oberfläche, die frei von haftenden, in die Polschicht (Flor) eingedrungenen Verschmutzungen ist – soweit nach dem Stand der Technik durchführbar – ebenso von Staub und Flaum.

Bemerkungen/Hinweise

- Wegen des guten Reinigungseffekts ist diese Kombinationmethode zur Grundreinigung geeignet.
- Das eingesetzte Teppichshampoo soll eine rasche Wiederanschmutzung verhindern, indem die Rückstände kristallin auftrocknen.
- Werkseitige Antisoiling-Imprägnierung wird beeinträchtigt.

- Lange Trocknungszeiten/eingeschränkte Nutzung.
- Große Gefahr der Schädigung feuchtigkeitsempfindlicher Beläge.
- Raumluftbelastung während der Trocknungszeit.

Geräte/Maschinen

- Staubsauger oder Bürstsauger,
- Einscheibenmaschine als Normalläufer (ca. 150 bis 200 U/min) mit Tank und weicher Shampoonierbürste,
- Sprühextraktionsgerät,
- weiche Teppichflorbürste bzw. weicher Schrubber zum Aufrichten des Teppichflors.

6.4.11 Kombination Sprühextraktion/Faserpadreinigung

Vorsprühen einer tensidfreien Reinigungslösung; Bearbeitung des textilen Belags durch Einscheibenmaschine mit Faserpad; gründliche Sprühextraktion mit klarem Wasser; Bearbeitung des textilen Belags durch Einscheibenmaschine mit Faserpad bzw. Garnpad; veloursartige und hochflorige Beläge aufbürsten; Textilbelag trocknen lassen; ggf. Nachdetachur.

Ziel/Ergebnis

Oberfläche, die frei von haftenden, in die Polschicht (Flor) eingedrungenen Verschmutzungen ist – soweit nach dem Stand der Technik durchführbar – ebenso von Staub und Flaum.

Bemerkungen/Hinweise

- Wegen des guten Reinigungseffekts ist diese Methode zur Grundreinigung geeignet.
- Es wird ein sehr gutes Reinigungsergebnis mit Tiefenwirkung erzielt.
- Es gibt keine Begünstigung der Wiederanschmutzung, da mit tensidfreien Reinigungsmitteln gereinigt wird.
- Es gibt keine Beeinträchtigung der werksseitigen Antisoiling-Imprägnierung.
- Die Trocknungszeiten sind viel kürzer als bei Sprühextraktion oder Kombination Shampoonierung/Sprühextraktion.
- Die Raumluftbelastung ist geringer.

Geräte/Maschinen

- Staubsauger oder Bürstsauger,
- Drucksprühgerät,
- Einscheibenmaschine als Normalläufer (ca. 150 bis 200 U/min) mit Faser- bzw. Garnpad,

- Sprühextraktionsgerät,
- weiche Teppichflorbürste bzw. weicher Schrubber zum Aufrichten des Teppichflors.

6.5 Reinigungsschäden

- Wiederanschmutzung durch klebrig wirkende Tensidrückstände,
- Beeinträchtigung der werkseitigen Antisoiling-Imprägnierung durch tensidhaltige Reinigungsmittel,
- Reemulgierung von Dispersionskleber aufgrund zu starker Durchnässung (tensidhaltige Reinigungsmittel begünstigen eine Reemulgierung),
- Schrumpfen von Belägen mit Juterücken aufgrund zu starker Durchnässung,
- Beschädigung von Doppelböden/feuchtigkeitsempfindlichen Untergründen aufgrund zu starker Durchnässung,
- Ausbluten von Naturfarbstoffen aus dem Trägergewebe; bei ungebleichten Zellulosefasern (z. B. Baumwolle oder Jute) dringt der braune Naturfarbstoff durch Kapillarwirkung an die Oberfläche und verursacht Verfärbungen; eine Sanierung ist meist möglich durch Bleichen der verfärbten Stellen unter Verwendung von 5 %iger bis 10 %iger Wasserstoffperoxidlösung,
- Ausbluten von Farben aus dem Faserflor, wenn der textile Belag nicht farbecht gefärbt ist bzw. wenn Beläge aus Eiweißfasern (Wolle, Seide) alkalisch gereinigt werden und dadurch ihre Farbfixierung verlieren. Das Ausbluten von Farben bei Eiweißfasern kann gestoppt werden, wenn die Reinigungslösung mit verdünnter Essigessenz schwach sauer eingestellt wird. Durch die Verwendung schwach sauer eingestellter Teppichreinigungsmittel (~ pH 4 bis 5) kann das Ausbluten von gefärbten Eiweißfasern verhindert werden,
- Auftrennung des Garns (Garnzug) beim Einsatz eines Bürstsaugers auf getufteter Schlingenware,

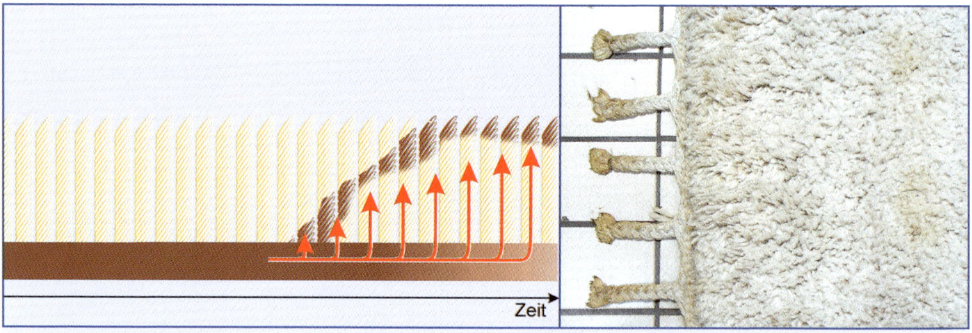

Abb. 6/10: Ausbluten von pflanzlichem Naturfarbstoff aus dem Trägergewebe

Abb. 6/11: Shading bei Velours

- Beschädigung der Polschicht durch zu starke Reinigungsmechanik,
- Beschädigung der Polschicht durch ungeeignete Fleckentfernung (z.B. Verwendung eines ungeeigneten Mittels),
- Beschädigung feuchtigkeitsempfindlicher Einrichtungsgegenstände aus Holz (es können so genannte Stockflecken entstehen) oder Metall (es kann zu Korrosionen bzw. Rostbildung kommen),
- Shading (engl. = Schattenbildung); Fachausdruck für Schattenbildung bei Veloursbelägen, die durch eine Florlageveränderung bzw. eine Faserkrümmung im oberen Drittel der Polschicht entsteht. Der Effekt entsteht durch gleichzeitiges Zusammenwirken von Polverfilzung und Pollegung. Der Shading-Effekt ist eine rein optische Erscheinung, durch die keine Beeinträchtigung der Gebrauchseigenschaften eines textilen Belags hervorgerufen wird. Der Effekt ist nur bei Veloursbelägen sichtbar und ist von der Faserart unabhängig. Die genauen Ursachen für diese partiell auftretende Schattenbildung, die sich durch Reinigungsvorgänge nicht beseitigen lässt, sind bis heute ungeklärt. Einerseits vermutet man unkontrollierbare Spannungen, die bei der Verlegung und Benutzung diesen unerwünschten Effekt auslösen, andererseits kann Shading-Bildung auch ortsgebunden sein (*vgl. Abb. 6/11*) – in den meisten Fällen trat der Shading-Effekt sogar nach dem Austausch des Belags durch einen anderen Veloursbelag wieder auf.

7 Grundlagen der Mikrobiologie und Desinfektion

7.1 Mikrobiologie

Merkmale von Mikroorganismen

- Mikroskopisch kleine Lebewesen,
- gab es bereits lange Zeit vor den Menschen,
- kommen überall (ubiquitär) vor, z. B.
  - in der Luft,
  - im Erdboden,
  - im Wasser,
  - auf der Haut,
  - auf allen Oberflächen;
- können leicht übertragen werden, z. B. über
  - Tröpfcheninfektionen (Einatmen infektiöser Partikel) oder
  - Schmier- bzw. Kontaktinfektionen (über Berührung einer kontaminierten Oberfläche),
- passen sich ihrer Umgebung sehr leicht an.

Wichtige Mikroorganismen

- Bakterien (z. B. Staphylokokken, Salmonellen),
- Pilze (z. B. Schimmelpilze, Hefen),
- Viren (z. B. HI-(AIDS-)Viren, Grippeviren, Noroviren),
- Protozoen (z. B. Malaria-Erreger, Erreger von Amöbenruhr, Schlafkrankheit).

Nutzen	Schaden
• Manche Mikroorganismen können organisches Material abbauen (z. B. in Kläranlagen, Kompost). • Manche Mikroorganismen dienen der Lebensmittelherstellung (z. B. Bier, Käse, Salami, Joghurt, Hefegebäck).	• Manche Mikroorganismen können Krankheiten verursachen (pathogene Keime). • Manche Mikroorganismen können Lebensmittelvergiftungen hervorrufen bzw. Lebensmittel verderben (z. B. Salmonellen).

7.1.1 Bakterien

Merkmale von Bakterien

- Einzeller ohne echten Zellkern,
- besitzen eine Zellwand,
- Größe: ca. 0,1–5 µm; einige wenige können auch größer sein (meist nur unter dem Mikroskop sichtbar),
- vermehren sich durch Zellteilung,
- manche Bakterien können bei ungünstigen Bedingungen Sporen ausbilden (z. B. Bazillen),
- manche Bakterien nutzen sogenannte Geißeln zur Fortbewegung.

Bakterien lassen sich hinsichtlich ihrer äußeren Form unterscheiden:

- kugelförmig (z. B. Staphylokokken, Streptokokken),
- stäbchenförmig (z. B. Colibakterien, Salmonellen).

Kokken sind kugelförmige Bakterienarten (Kugelbakterien).

Je nach Anordnung unterscheidet man beispielsweise zwischen Traubenkokken, Kettenkokken oder Diplokokken. Beim Menschen treten häufig Staphylokokken, Streptokokken und Pneumokokken als Vertreter von Kugelbakterien auf.

Stäbchenbakterien sind längliche, zylindrische Bakterienarten. Bekannte Vertreter sind z. B. das Darmbakterium Escherichia coli oder Salmonellen. Stäbchenförmige Bakterien haben häufig eine oder mehrere Geißeln, mit deren Hilfe sie sich im flüssigen Medium fortbewegen können. Bazillen zählen zu einer Gruppe stäbchenförmiger Bakterien, die als Überdauerungsform Sporen bilden können.

Abb. 7/1: Kugelbakterien (Staphylokokken)

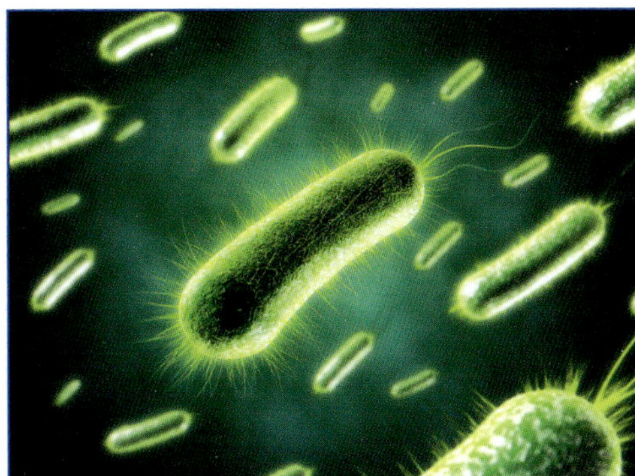

Abb. 7/2: Stäbchenbakterien (Escherichia coli)

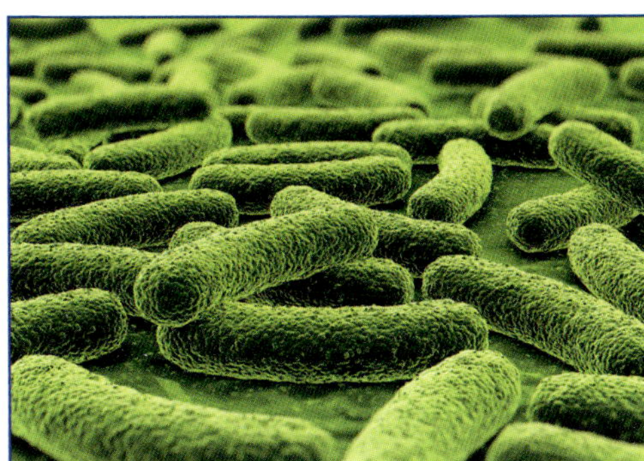

Abb. 7/3: Gekrümmte Stäbchenbakterien (Vibrio cholerae)

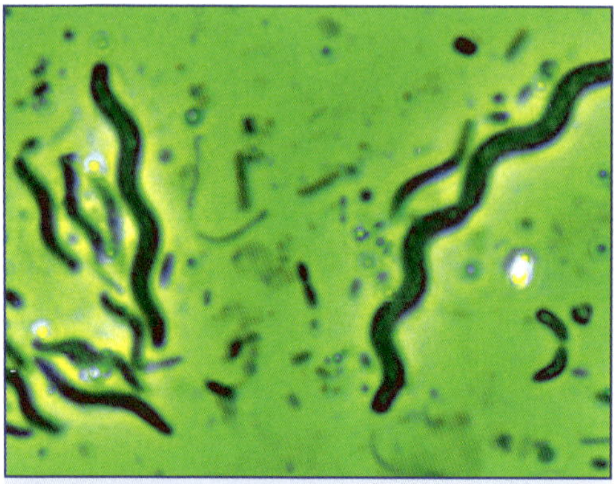

Abb. 7/4: Gewundene Stäbchenbakterien (Leptospiren)

Eine besondere Variante stellen die einfach gekrümmten stäbchenförmigen Bakterien dar (z. B. Vibrionen). Das Bakterium Vibrio cholerae (Erreger der Cholera) ist ein typischer Vertreter dieser Sorte.

Eine weitere Form der Stäbchenbakterien sind die sogenannten Spirillen, die spiralförmig bzw. gewunden sind. Spiralförmig gewundene Leptospiren verursachen die Infektionskrankheit Leptospirose, die über Tiere auf den Menschen übertragen werden kann.

Umgebungsbedingungen, die das Wachstum der Bakterien beeinflussen, sind:

- Temperatur (Wärme),
- pH-Wert,
- Nährstoffe (Schmutz wie Fett, Eiweiß, Zucker, Kohlenhydrate etc.),
- Feuchtigkeit.

Bei optimalen Verhältnissen (Temperatur, pH-Wert, Nahrung, Feuchtigkeit etc.) ist eine Verdoppelung alle 20 bis 30 Minuten möglich.

Krankheiten, die durch Bakterien verursacht werden, sind z. B.:

- Salmonellose,
- Scharlach,
- Diphtherie,
- Keuchhusten,
- Cholera,
- Tuberkulose,
- Wundstarrkrampf (Tetanus),
- Milzbrand etc.

Sporenbildung

Einige Bakterienarten sind in der Lage, bei ungünstigen Umgebungsbedingungen (beispielsweise bei Änderung von Temperatur, Nährstoffen, pH-Wert etc.) Sporen, sogenannte Endosporen, zu bilden. Diese Sporen sind Dauerformen, welche nicht zur Vermehrung (wie z. B.

Pilzsporen) dienen. Das übrige Bakterium kann absterben, während die Spore auch unter ungünstigen Bedingungen sehr lange überlebensfähig bleibt. Die von Bakterien gebildeten Endosporen weisen eine hohe Widerstandsfähigkeit gegen Hitze, Austrocknung, Strahlung und extreme pH-Werte auf und können lange Zeit (bis zu mehreren tausend Jahren) überdauern. Diese Widerstandsfähigkeit beruht auf einer mehrschichtigen Hülle und dem geringen Wassergehalt. Die Sporen keimen aus, sobald die Umgebungsbedingungen wieder günstig sind. Aus Sporen entstehen wieder lebensfähige Zellen (Bakterien). Bakterien, die Sporen bilden, sind beispielsweise Bazillen und Clostridien. Wundstarrkrampf (Tetanus) wird von den stäbchenförmigen, sporenbildenden Bakterien mit dem Namen Bacillus tetani hervorgerufen.

7.1.2 Pilze

Pilze zählen weder zu den Pflanzen noch zu den Tieren.

Man unterscheidet:

- Hyphen- oder Mycelpilze (z. B. Schimmelpilze, Fadenpilze),
- Sprosspilze (z. B. Hefen).

Hyphen- oder Mycelpilze vermehren sich sowohl geschlechtlich durch Ausbildung eines Geflechts (Myzel) aus feinen Fäden (Hyphen) oder durch Ausbildung von Sporen. Sie besiedeln meist ein festes Substrat, beispielsweise Erdboden, Holz oder anderes lebendes oder abgestorbenes organisches Gewebe wie die Haut. Einzellige Pilze (Sprosspilze) vermehren sich hauptsächlich asexuell durch Sprossung (Sprosshefen).

Optimale Umgebungsbedingungen für Pilze sind Feuchtigkeit und Wärme (z. B. in Umkleideräumen, Duschen, Schwimmbädern, Toiletten etc.).

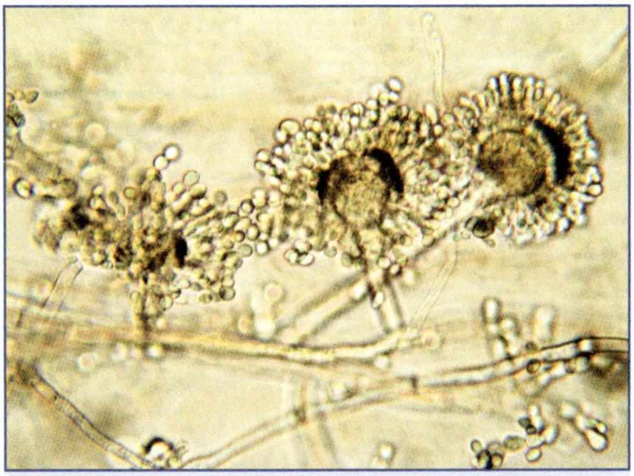

Abb. 7/5: Hyphe eines Schimmelpilzes

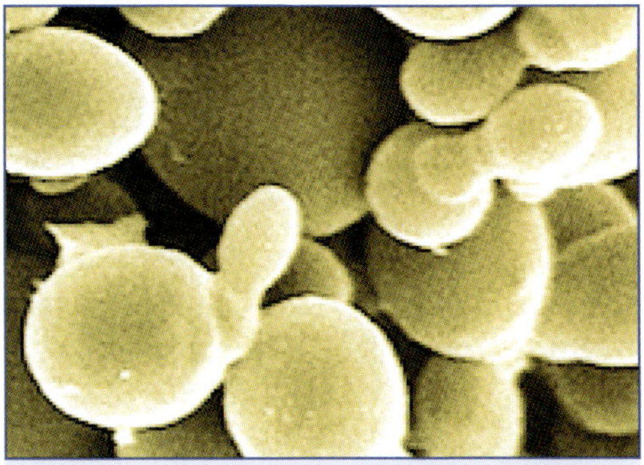

Abb. 7/6: Mutterzelle mit Spross von Bierhefe

Merkmale von Pilzen

Schimmelpilze

- Vermehren sich geschlechtlich in verzweigten Fäden, sogenannten Hyphen oder durch Sporenbildung,
- Hyphen bilden den Pilzkörper oder Myzel,
- Pilzkörper sind mit bloßem Auge erkennbar,
- Schimmelpilze wachsen dadurch nicht nur auf der Oberfläche, sondern auch durch die Materie hindurch,
- Fadenpilze (Dermatophyten) verursachen Hauterkrankungen wie z. B. Fußpilz,
- Schimmelpilze können Gifte bilden,
- im Sanitärbereich auftretender schwarzer Pilz (Aspergillus niger = schwarzer Köpfchenpilz) kann meist nur oberflächlich bekämpft werden,
- Schimmelpilze sind auch für die Lebensmittelherstellung nützlich, z. B. Edelschimmel in Käse.

Hefen (Sprosspilze)

- Hefepilze sind rund,
- mit bloßem Auge nicht sichtbar,
- Vermehrung durch Abschnüren einer Tochterzelle (Spross),
- Hefen sind auch für die Lebensmittelherstellung nützlich, z. B. Alkoholgärung für Bierherstellung, Hefegebäck,
- wichtiger schädlicher Sprosspilz ist die sogenannte Candida albicans (Hefe, die Haut-, Schleimhaut- und Darmerkrankungen hervorruft).

7.1.3 Viren

Viren sind Parasiten in Zellen von Lebewesen. Sie geben ihr Erbmaterial (DNA/RNA) zu ihrer Vermehrung und Ausbreitung an sogenannte *Wirtszellen* weiter, die dann für die Reproduktion neuer Viren verantwortlich sind. Viren besitzen keinen eigenen Stoffwechsel und sind deshalb auf den Stoffwechsel der Wirtszelle angewiesen. Einige Viren sind zusätzlich von einer Membran umgeben, die als Virushülle bezeichnet wird. Solche Viren werden behüllt genannt. Viren ohne derartige Hülle bezeichnet man als unbehüllt. Die Virushülle hat eine große Bedeutung bei der Aufnahme von Viren in die Wirtszelle, der Stabilität gegenüber Umwelteinflüssen und Desinfektionsmitteln sowie der erleichterten Fähigkeit zur Veränderung der Virusoberfläche. Unbehüllte Viren sind allgemein als unempfindlicher zu betrachten, was ihre Inaktivierung durch Desinfektionsmaßnahmen meist schwerer macht.

Behüllte Viren	Unbehüllte Viren
Hepatitis B-Viren, Hepatitis C-Viren	Hepatitis A-Viren
HIV	Noroviren
Varizellen-Zoster-Viren (Windpocken, Gürtelrose)	Adenoviren
Influenzaviren	Rotaviren

Merkmale von Viren

- Keine lebenden Organismen (sie können sich nicht alleine vermehren und besitzen keinen eigenen Stoffwechsel),
- viel kleiner als Bakterien (durchschnittlicher Durchmesser ca. 0,018 µm); nur mit dem Elektronenrastermikroskop erkennbar,
- können sich nur in lebenden Zellen von Pflanzen, Tieren, Menschen oder Bakterien vermehren,
- Virus-Krankheiten können nicht mit Antibiotika bekämpft werden,
- Viren sind im Vergleich zu Bakterien und Pilzen meist schwieriger durch Desinfektionsmittel zu inaktivieren (speziell unbehüllte Viren),
- sind häufig schädlich (fast jede von Viren befallene Zelle stirbt ab),
- können durch Abklatschtest/Abstrich nicht nachgewiesen werden.

Krankheiten

- AIDS,
- Virus-Grippe (verschiedene Arten),
- Hepatitis (Gelbsucht),
- virale Gastroenteritis (z. B. durch den Norovirus verursachte Magen-Darm-Erkrankung),
- Herpes,
- Röteln,
- Windpocken,
- Kinderlähmung,
- Masern etc.

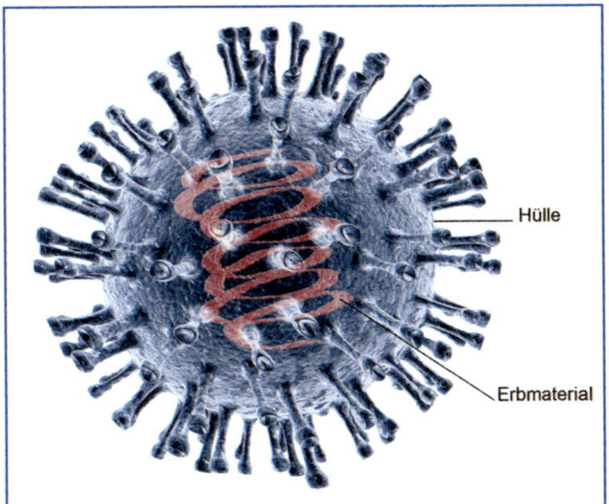

Abb. 7/7: Influenza-(Grippe-)Virus

7.2 Nachweismethoden zur Kontrolle des Desinfektionserfolgs

Der Nachweis des Vorhandenseins von Mikroorganismen und deren Vermehrung zu Kulturen ist wichtig zur Identifikation von Keimen (z. B. Diagnose bestimmter Krankheiten) und zur Kontrolle von Desinfektionsmaßnahmen.

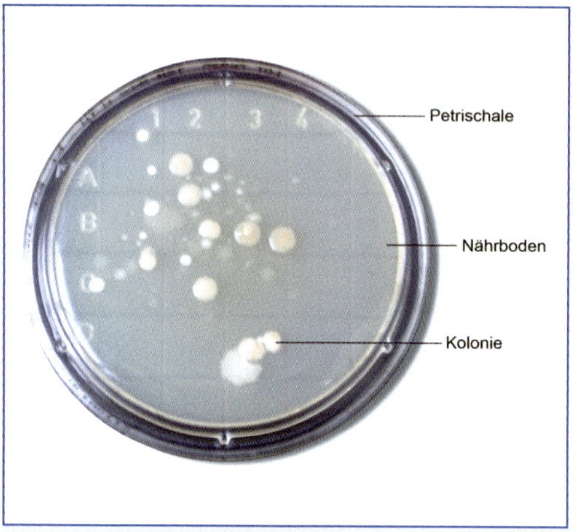

Abb. 7/8: Bakterienkolonien nach einem Abklatsch

Die wichtigsten Methoden sind:

- Abklatsch,
- Abstrich,
- Mikroskopieren,
- ATP-Messung.

Abklatsch

Die Nährbodenfläche der Abklatschplatte wird wie ein Stempel auf die zu untersuchende Oberfläche gedrückt; die vorhandenen Keime bleiben haften. Anschließend werden diese Platten im Brutschrank bei 37 °C für 24 bis 48 Stunden bebrütet, damit sich die Bakterien vermehren und in Form von Kolonien sichtbar werden.

Da die Abklatschfläche bekannt ist, kann durch Auszählen dieser Kolonien die Keimbelastung auf der Oberfläche quantitativ festgestellt werden. Somit ist es möglich, den Hygienestandard zu bestimmen. In speziellen Verfahren können die gezüchteten Bakterienkolonien aufbereitet werden, um sie nach ihrer Art zu bestimmen (Differenzierung). Dieses Verfahren ist zur Hygienekontrolle glatter, der Abklatschplatte zugänglicher Oberflächen geeignet.

Abstrich

Mit einem feuchten, sterilen Tupfer wird ein festgelegter Bereich der zu untersuchenden Oberfläche abgestrichen. Soll lediglich eine qualitative Aussage getroffen werden, wird der Tupfer direkt auf einem Nähragar ausgerollt, der dann bebrütet wird. Zur Quantifizierung der Keimbelastung muss der Tupfer in einer geeigneten Verdünnungslösung ausgewaschen werden. Die aus dieser Lösung hergestellten Verdünnungsreihen werden dann auf Nähragar ausgestrichen und im Brutschrank (meist ein bis zwei Tage) bei 37 °C bebrütet. Aus den Ergebnissen lässt sich die Keimbelastung auf der abgestrichenen Oberfläche ermitteln.

Abstriche sind umständlicher auszuwerten als Abklatsche, sie bieten aber die Möglichkeit der Probennahme von unebenen und schwer zugänglichen Flächen.

Mikroskopieren, Anfärben (Gramfärbung)

Bakterien und Pilze können unter dem Mikroskop sichtbar gemacht werden. Hierzu bedient man sich bestimmter Färbetechniken, durch die Keime farblich herausgestellt bzw. bestimmte Keimbestandteile dargestellt werden können. Eine wichtige Färbemethode für Bakterien ist die Gramfärbung. Dabei werden mit einem besonderen Farbstoff bestimmte Zellstrukturen in der Zellwand mancher Bakterien eingefärbt. Durch Feststellung der Färbung unter dem Mikroskop lassen sich Bakterien als grampositiv (einfärbbar) bzw. gramnegativ (nicht einfärbbar) differenzieren. Viren sind unter dem normalen Lichtmikroskop nicht zu erkennen. Erst mit Hilfe eines Elektronenmikroskops können Viren sichtbar gemacht werden.

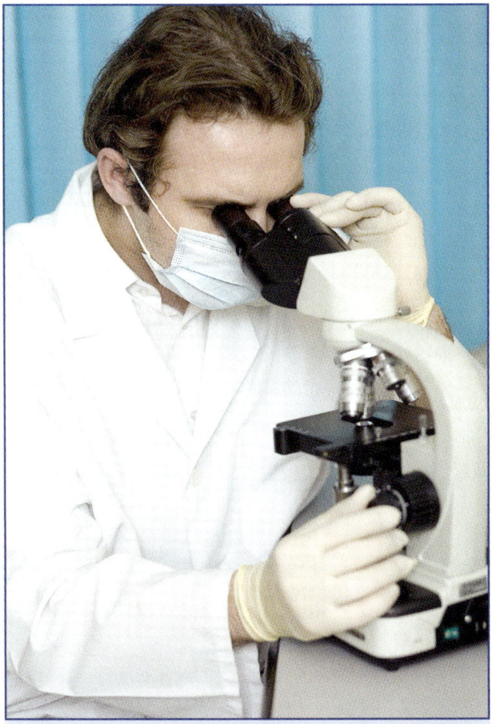

Abb. 7/9: Mikroskopieren

ATP-Messung

Biolumineszenzverfahren oder *ATP-Messung*. Bei dieser Methode wird ATP (Adenosintriphosphat), was in Bakterienzellen enthalten ist, mittels Biolumineszenz nachgewiesen. Hierbei wird das ATP durch einen Enzymkomplex in Licht umgewandelt. Die emittierte (ausgesendete) Lichtmenge kann mit einem sogenannten *Luminometer* (Gerät zur Lichtmessung) gemessen werden. Das Ergebnis wird in RLU (relative light units) angegeben. Vorteil dieser Methode ist, dass die Ergebnisse bereits nach wenigen Minuten vorliegen. Die erforderlichen Messgeräte sind klein und handlich, somit kann die Messung direkt vor Ort durchgeführt werden. Nachteil dieses Verfahrens sind die hohen Anschaffungskosten.

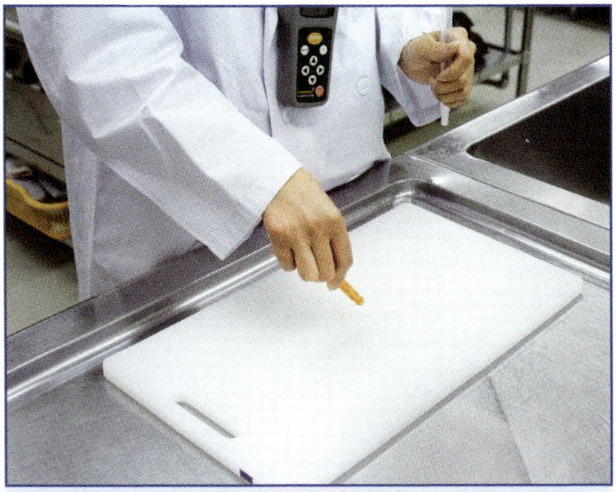

Abb. 7/10: Abstrich zur ATP-Messung (Quelle: HyServe)

7.3 Sanitation/Desinfektion/Sterilisation

Sanitation

Unter Sanitation versteht man eine Keimzahlverminderung durch vorbeugende oder desinfizierende Reinigungsmaßnahmen. Im Vergleich zur Desinfektion und Sterilisation wird bei der Sanitation keine definierte bzw. vollständige Keimreduktion als Ergebnis vorausgesetzt.

Desinfektion

Unter Desinfektion versteht man die Abtötung bzw. die Inaktivierung (= irreversible Schädigung) aller krankheitserregenden (pathogenen) Keime, sodass vom desinfizierten Gegenstand keine Infektionsgefahr mehr ausgeht.

Flächendesinfektionen werden durchgeführt in sensiblen Bereichen wie z. B.

- Krankenhäusern,
- Kliniken,
- Arzt-/Zahnarztpraxen,
- mikrobiologischen Labors etc.

Ziel und Zweck der Flächendesinfektion ist es, die Kontaminationswege zu unterbrechen. Mikroorganismen werden durch die Inhaltsstoffe in den Desinfektionsmitteln getötet bzw. inaktiviert.

Sterilisation

Unter Sterilisation versteht man die Abtötung bzw. Inaktivierung aller Bakterien, Pilze, Viren und Sporen.

8 Besonderheiten im Gesundheitswesen und in der Pflege

8.1 Allgemeine Grundlagen

Innerhalb von Gesundheitseinrichtungen wie Krankenhäusern, Kliniken oder Reha-Zentren, aber auch in Alten- und Pflegeheimen und Behinderteneinrichtungen, ist das Infektionsrisiko für Patienten, Bewohner und das Personal besonders groß. Jährlich erkranken bis zu 500.000 Menschen an sogenannten „nosokomialen" Infektionen, also Infektionen, die unmittelbar auf einen Krankenhausaufenthalt oder eine ambulante Maßnahme zurückzuführen sind. Aus diesem Grund werden nicht nur an das Personal, sondern auch an die Reinigung und Desinfektion besondere Anforderungen gestellt.

Hauptverursacher bei der Ausbreitung von Krankheiten ist der Schmutz, welcher für den Menschen nicht immer sichtbar ist. Den Mikroorganismen genügen bereits geringe Spuren von Schmutz als Nährstoffe und somit als Vermehrungsgrundlage. Für die Vermehrung der Keime sind die Umgebungsbedingungen z. B. im Krankenhaus oder in Alten- und Pflegeheimen aus mehreren Gründen (relativ warm, geschwächte Menschen, besondere Verschmutzungen etc.) besonders gut. Eine wirkungsvolle Reduzierung der Keime bzw. eine Vermehrungshemmung erfolgt durch Entziehung der Nährstoffgrundlage – also durch gründliche Reinigung. Die Desinfektion sollte auf die Flächen beschränkt werden, von denen eine erhöhte Gefahr der Keimausbreitung ausgeht (z. B. Flächen mit häufigem Haut- bzw. Handkontakt).

HYGIENE-GRUNDSATZ:
Reinigung so viel wie möglich,
Desinfektion nur so viel wie nötig!

Rechtsgrundlagen/Empfehlungen

- Infektionsschutzgesetz (IfSG)
  - Meldepflicht infektiöser Krankheiten gemäß § 6,
  - behördlich angeordnete Entseuchungen (Desinfektionen) gemäß § 18,
  - nosokomiale Infektionen, Resistenzen, Rechtsverordnung durch die Länder gemäß § 23,
  - Erstellung von Hygieneplänen gemäß § 36,
  - Tätigkeits- und Beschäftigungsverbote beim Umgang mit Lebensmitteln gemäß § 42.
- Heimgesetz (HeimG)
  - gesetzliche Verpflichtung zur Schaffung geeigneter personeller und organisatorischer Voraussetzungen zum Wohle der Heimbewohner,

- Richtlinien/Vorgaben des Robert Koch-Instituts (RKI)
  - Richtlinie für Krankenhaushygiene und Infektionsprävention,
  - Infektionsprävention in Heimen,
  - Liste der vom RKI geprüften Desinfektionsmittel und -verfahren.
- LAGA-Merkblatt – Richtlinie für die ordnungsgemäße Entsorgung von Abfällen aus Gesundheitseinrichtungen,
- BGR 206 „Desinfektionsarbeiten im Gesundheitsdienst"
  - Pflichten des Unternehmers,
  - Umgangsregelungen bei einzelnen Desinfektionsarbeiten,
  - Anhang 1: Gliederung eines Hygieneplans (Vorschlag).
- BGR 250/TRBA 250 – Biologische Arbeitsstoffe im Gesundheitswesen und in der Wohlfahrtspflege
  - erforderliche Schutzmaßnahmen für bestimmte Arbeitsbereiche und Tätigkeiten,
  - Anzeige- und Aufzeichnungspflichten.

Allgemeine Anforderungen hinsichtlich der Hygiene, Reinigung und Desinfektion

- Einsatz gelisteter Desinfektionsmittel bzw. Desinfektionsreiniger (RKI-, VAH- bzw. DVG-gelistet oder gemäß EU-Normen; bei behördlich angeordneten Entseuchungen gemäß § 18 IfSG nur RKI-gelistete Desinfektionsmittel bzw. Desinfektionsreiniger verwenden),
- Verhinderung einer Keimausbreitung durch Reinigungsgeräte, -utensilien und die Reinigungsflotte (z. B. durch Bezugswechselverfahren),
- gewaschene Reinigungstextilien müssen so aufbewahrt werden, dass keine Vermehrung von Mikroorganismen stattfindet (z. B. durch die Verwendung von Reinigungstextilien mit antibakterieller Ausrüstung beim Präparieren von Reinigungstextilien oder durch Trocknung im Trockner),
- Reinigungsutensilien müssen nach Abschluss der Reinigungs- und Desinfektionstätigkeiten gründlich gereinigt und ggf. desinfiziert werden,
- textile Beläge sollten nicht in Bereichen verlegt werden, in denen eine regelmäßige Desinfektion und Reinigung aus infektionsprophylaktischen Gründen erforderlich ist,
- regelmäßige Kontrollen der Reinigung und Desinfektion sind als Teil der Qualitätssicherung erforderlich,
- sichtbare Kontaminationen durch Eiter, Blut, Sputum, Urin etc. erfordern zusätzliche Desinfektionsmaßnahmen,

- Desinfektionsmittel nicht großflächig im Sprühverfahren einsetzen (Gesundheitsgefährdung durch Inhalation des Sprühnebels, keine vollflächige Benetzung möglich, Explosionsgefahr bei alkoholhaltigen Mitteln),
- möglichst geringe Gefährdung oder Belästigung der Patienten und des Personals,
- leichte Erlernbarkeit der Methode und Kontrollmöglichkeiten des Arbeitsablaufs,
- Tücher und Wischbezüge zum mehrmaligen Gebrauch müssen maschinell thermisch bzw. chemothermisch desinfizierend aufbereitet werden.

Erforderliche Desinfektionsmaßnahmen (gemäß RKI-Empfehlung)

Das Robert Koch-Institut (RKI) ist eine Nachfolgeinstitution des früheren Bundesgesundheitsamts (BGA). Es hat die Anforderungen hinsichtlich der Hygienesensibilität in einer Richtlinie (Richtlinie für Krankenhaushygiene und Infektionsprävention) festgelegt, die unterschiedliche Bereiche unterscheidet.

Bereiche (Beispiele)	Reinigung/Desinfektion
Bereiche ohne Infektionsrisiko (in Bezug auf das allgemeine Risiko in der Bevölkerung):	
• Flure, Treppenhäuser • Verwaltung/Büros • Speiseräume • Hörsäle/Unterrichtsräume • Technische Bereiche	• Reinigung aller Flächen ist ausreichend, eine Desinfektion ist nicht erforderlich
Bereiche mit möglichem Infektionsrisiko:	
• Allgemeinstation • Ambulanzbereiche • Radiologie • Physikalische Therapie • Sanitärräume • Dialyse • Entbindung • Intensivtherapie/-überwachung	• Flächen mit häufigem Hand-/Hautkontakt müssen desinfiziert werden • Fußböden und sonstige Flächen werden gereinigt • Das mit der Reinigung und Desinfektion betraute Personal muss geeignet, geschult und eingewiesen sein
Bereiche mit besonderem Infektionsrisiko:	
• OP-Abteilungen • Eingriffsräume • Abteilungen für besondere Intensivtherapie (z. B. Langzeitbeatmete, Schwerstbrandverletzte) • Transplantationsabteilung • Frühgeborenenstation	• Flächen mit häufigem Hand-/Hautkontakt und Fußböden müssen desinfiziert werden • Sonstige Flächen werden gereinigt • Das mit der Reinigung und Desinfektion betraute Personal muss geeignet, geschult und eingewiesen sein

Bereiche (Beispiele)	Reinigung/Desinfektion
Bereiche mit Patienten, die Erreger so in oder an sich tragen, dass im Einzelfall die Gefahr einer Weiterverbreitung besteht:	
• Isolierbereiche/-pflege • Funktionsbereiche, in denen die o. g. Patienten behandelt werden	• Flächen mit häufigem Hand-/Hautkontakt und Fußböden müssen desinfiziert werden • Sonstige Flächen werden gereinigt • Das mit der Reinigung und Desinfektion betraute Personal muss geeignet, geschult und eingewiesen sein
Bereiche, in denen vor allem für das Personal ein Infektionsrisiko besteht:	
• Mikrobiologische Laboratorien • Pathologie • Entsorgung • Unreine Bereiche von Wäschereien und Funktionseinheiten	• Oberflächen, von denen Infektionsgefahr ausgeht, müssen desinfiziert werden.

Das Auftreten bestimmter Infektionskrankheiten kann in allen Bereichen zusätzliche Desinfektionsmaßnahmen erforderlich machen!

8.2 Flächenreinigung bzw. -desinfektion

Die Reinigungsmethode und die Art der Desinfektion werden üblicherweise vom Krankenhaus (Hygienekommission) vorgeschrieben. Der Dienstleister kann jedoch Reinigungsempfehlungen aussprechen. Vor der Umstellung der Reinigung muss allerdings die Zustimmung der Hygienekommission erfolgen.

Erforderliche Maschinen, Geräte und Reinigungstextilien

Flächenreinigung bzw. -desinfektion des Mobiliars

- Reinigungstücher,
- ggf. Pads.

Manuelle Fußbodenreinigung bzw. -desinfektion

- Breitwischgeräte (empfehlenswert 40 cm Arbeitsbreite),
- Breitwischbezüge,
- Gerätewagen,
- ggf. Schrubber (strukturierte Beläge).

Maschinelle Fußbodenreinigung bzw. -desinfektion

- Scheuermaschinen
  - Einscheibenmaschinen,
  - Zwei- oder Dreischeibenmaschinen,
  - Walzenbürstmaschinen.
- Scheuersaugmaschinen.

8.3 Methoden zur Reinigung und Desinfektion im Krankenhaus

Inventarreinigung

Die Inventarreinigung sollte grundsätzlich mit farblich getrennten Reinigungsutensilien (Eimern, Tüchern etc.) ausgeführt werden. In der Praxis hat sich folgende Regelung bewährt:

Rot:	Toiletten, Urinale, Wände im direkt angrenzenden Bereich
Gelb:	Übrige sanitäre Einrichtung wie Waschbecken, Spiegel oder Ablagen, Trennwände, Fliesenwände, Türen etc.
Blau:	Einrichtung von Patientenzimmern, Nutzflächen allgemein
Grün:	Küchenbereiche oder OP-Reinigung

Die Reinigungstücher oder andere Reinigungsutensilien dürfen nicht mehrfach in die Reinigungs- oder Desinfektions(reiniger)lösung eingetaucht werden, da es ansonsten zu einer Keimverschleppung kommen kann und mit zunehmendem Verschmutzungsgrad der Desinfektionswirkstoff unwirksam wird.

Folgende Methoden finden Verwendung:

- Eimer mit Reinigungsflotte
  - Reinigungstuch wird in die Lösung getaucht und anschließend ausgewrungen,
  - Reinigungstuch kommt nach der Verwendung in die Wäsche (es wird nicht nochmals in den Eimer eingetaucht!),
  - zeitintensiv und anstrengend für die Reinigungskraft,
  - hygienisch problematisch, da große Gefahr des Wiedereintauchens in die Reinigungs- bzw. Desinfektions(reiniger)flotte.

- Präparierte Wischtücher
  - zunächst hohe Anschaffungskosten,
  - Präparierung der Tücher erfolgt manuell durch Übergießen oder durch spezielle Waschmaschine im letzten Spülgang,
  - kein Dosierproblem,
  - stets saubere Reinigungsflotte,
  - geringe Rüstzeiten,
  - Auswaschen – vor allem das Auswringen – der Tücher im Eimer entfällt,
  - Zeitersparnis (Arbeitsweise nach der 16-Seiten-Faltmethode),
  - optimale Hygiene, da stets mit sauberer Tuchfläche gearbeitet wird,
  - Tücher für unterschiedliche Bereiche erfordern unterschiedliche Präparierung/Behandlung (erschwert die Präparation über die Waschmaschine, da ansonsten sortenrein gewaschen werden müsste).
- Sprühflaschen statt Eimer mit Reinigungsflotte
  - Prinzip wie bei präparierten Wischtüchern,
  - jedoch zusätzliche körperliche Belastung durch Betätigung des Sprühhebels,
  - je nach System besteht die Gefahr, dass Sprühnebel inhaliert werden kann (Gesundheitsgefahr, vor allem bei Sanitär- und Desinfektionsreinigern),
  - Gefahr, dass Oberflächen wie z. B. Sanitärarmaturen oder elektronische Geräte direkt besprüht werden und es dadurch zu Schäden kommt.

Die 16-Seiten-Tuchfaltmethode ermöglicht den rationellen und wirtschaftlichen Einsatz von Reinigungstüchern.

Vgl. Kapitel 4.1 Allgemeine Grundlagen.

Methoden zur manuellen Fußbodenreinigung

Für die Fußbodenreinigung bzw. -desinfektion sollten zur Vermeidung einer Keimverschleppung grundsätzlich nur so genannte Bezugswechselverfahren zum Einsatz kommen.

Bezugswechselverfahren

- Zweistufige Verfahren
  - „klassische" Zwei-Bezugswechsel-Methode mit Abtropfsieb oder Flachpresse,
  - Doppelbreitwischgeräte mit spezieller Desinfektionswanne;

- einstufige Verfahren
  - Wanne mit Abtropfsieb oder Flachpresse,
  - präparierte Wischbezüge (möglich mit Einfach- und Doppelbreitwischgeräten),
  - spezielle Desinfektionswischgeräte mit integriertem Flottenbehälter bzw. Tank.

Zwei-Bezugswechsel-Methode

Bei der klassischen Zwei-Bezugswechsel-Methode mit Breitwischgeräten benötigt man zur Durchführung:

- Gerätewagen mit Desinfektionswanne und Abtropfsieb oder Flachpresse,
- Breitwischgerät, empfehlenswert mit 40 cm Breite,
- Wischbezüge (kochfest, desinfizierend gewaschen).

Arbeitsstufen bei der Zwei-Bezugswechsel-Methode

1. Ansetzen der Reinigungs- bzw. Desinfektionsreinigerlösung nach Vorschrift.
2. Ersten Bezug in die Reinigungs- bzw. Desinfektionsreinigerlösung eintauchen und auf dem Abtropfsieb leicht andrücken bzw. auspressen.
3. Mit diesem Bezug Reinigungs- bzw. Desinfektionsreinigerlösung im Raum (ca. 20 bis 25 m^2) verteilen.
4. Bezug in Entsorgungsbehälter (Wäschesack) zur Wäsche werfen.
5. Mit frischem Bezug benetzte Fläche nachwischen (um die überschüssige Flotte aufzunehmen) und diesen Bezug ebenfalls in den Entsorgungsbehälter (Wäschesack) zur Wäsche werfen. Beim Einsatz von Desinfektionsreinigern ist darauf zu achten, dass auf der Fläche noch eine Restfeuchte vorhanden ist.
6. Weiter wie ab Ziffer 2 beschrieben.

Das Verfahren ermöglicht durch den Einsatz von jeweils zwei frischen Bezügen einen optimalen Reinigungs- bzw. Desinfektionserfolg. Etwaige Dosierfehler können durch Verwendung von Dosieranlagen verringert werden. Beim Einsatz von Desinfektionsreinigern ist darauf zu achten, dass auf der Fläche noch Restfeuchte vorhanden ist. Allerdings ist mit höheren Anschaffungs- und Waschkosten für die erforderliche Menge an Bezügen sowie einer geringeren Flächenleistung im Vergleich zu einstufigen Verfahren zu rechnen.

■ Abb. 8/1: Doppelbreitwischgerät mit spezieller Desinfektionswanne (Quelle: Vermop)

Zweistufiger Einsatz von Doppelbreitwischgeräten

Doppelbreitwischgeräte bestehen aus einem Stiel und einem speziellen Halter, der so konzipiert ist, dass er zwei Wischflächen aufweist. Somit ist es möglich, mit nur einem Bezug (ohne Bezugswechsel) zweistufig nasszuwischen.

Arbeitsstufen beim zweistufigen Wischen mit Doppelbreitwischgeräten

1. Ansetzen der Reinigungs- bzw. Desinfektionsreinigerlösung nach Vorschrift.
2. Den Bezug mittels spezieller Desinfektionswanne einseitig benetzen.
3. Mit der benetzten Seite des Bezugs Reinigungs- bzw. Desinfektionsreinigerlösung im Raum (ca. 20 bis 25 m^2) verteilen.
4. Den Halter umdrehen und die Fläche mit der trockenen Seite nachwischen. Beim Einsatz von Desinfektionsreinigern ist darauf zu achten, dass auf der Fläche noch eine Restfeuchte vorhanden ist.
5. Bezug in Entsorgungsbehälter (Wäschesack) zur Wäsche werfen.

Einstufiges Wischen mit Wanne und Abtropfsieb oder Flachpresse

Arbeitsstufen beim einstufigen Wischen mit Wanne und Abtropfsieb oder Flachpresse

1. Ansetzen der Reinigungs- bzw. Desinfektionsreinigerlösung nach Vorschrift.
2. Ersten Bezug in die Reinigungs- bzw. Desinfektionsreinigerlösung eintauchen und auf dem Abtropfsieb andrücken bzw. auspressen.
3. Mit diesem Bezug Reinigungs- bzw. Desinfektionsreinigerlösung im Raum (ca. 20 bis 25 m^2) verteilen.
4. Bezug in Entsorgungsbehälter werfen.
5. Um eine Keimverschleppung zu verhindern, darf der Bezug auf keinen Fall ein zweites Mal in die Reinigungs- bzw. Desinfektionsreinigerlösung getaucht werden!

Einstufiges Wischen mit präparierten Bezügen

Die Präparierung der Bezüge kann entweder manuell durch Übergießen bzw. unter Verwendung einer speziellen Dosiereinrichtung oder maschinell über eine Spezialwaschmaschine erfolgen. Bei der maschinellen Präparierung werden die Bezüge erst gewaschen und in einem weiteren Arbeitsgang mit Desinfektionsreiniger- bzw. Reinigungslösung getränkt. Durch eine gezielte Steuerung der Schleuderzahl wird eine gleichmäßige Tränkung bzw. Präparie-

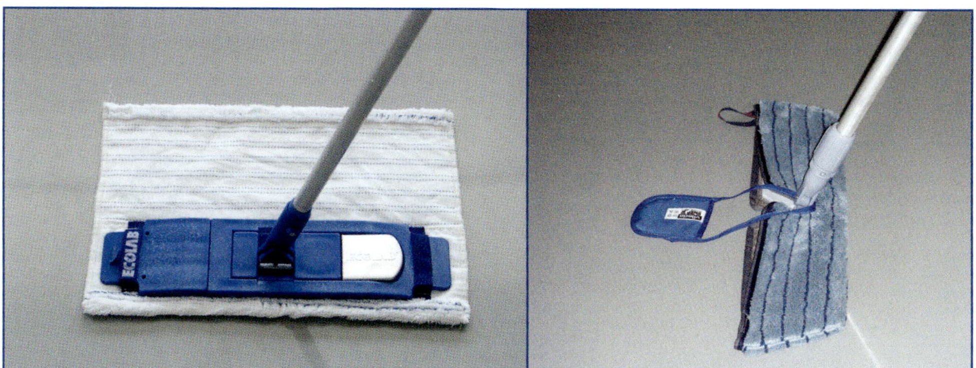

Abb. 8/2: links: Breitwischgerät mit speziellem Mikrofaserbezug (doppelte Auflagefläche) zum einstufigen Nasswischen (Hersteller: Ecolab); rechts: Doppelbreitwischgerät zum einstufigen Nasswischen (Hersteller: Vileda-Professional)

rung der Bezüge erreicht. Die einsatzbereiten Wischbezüge werden anschließend bis zur Verwendung in Spezialbehältern aufbewahrt, die auf dem Gerätewagen mitgeführt werden. Um eine Verkeimung der präparierten Wischbezüge und somit eine Keimverschleppung zu vermeiden, sollten die Bezüge jedoch nicht über längere Zeit nass gelagert werden, sondern möglichst zeitnah nach der Präparierung zum Einsatz kommen.

Durch die Verwendung von Doppelbreitwischgeräten wird es ermöglicht, eine ungefähr doppelt so große Fläche zu benetzen als mit herkömmlichen Breitwischgeräten. Dies ist insbesondere dann von Vorteil, wenn das Benetzungsvermögen eines herkömmlichen Bezugs nicht ausreicht, um ein ganzes Zimmer zu benetzen oder wenn größere Flächen wie z. B. Flure gewischt werden.

Arbeitsstufen beim Wischen mit präparierten (imprägnierten) Bezügen

1. In einem Behälter befinden sich die mit Reinigungsmittel bzw. Desinfektionsreiniger vorbenetzten Wischbezüge.
2. Den ersten Bezug entnimmt man aus dem Behälter und spannt den Bezug auf das Wischgerät.
3. Mit diesem Bezug wird nun ein Raum (ca. 20 bis 25 m^2) gewischt.
4. Anschließend wirft man den Bezug in den speziellen Entsorgungsbehälter.
5. Mit einem neuen Bezug wird dann das nächste Krankenzimmer gereinigt, anschließend wird auch dieser Bezug entsorgt.
6. Weiter wie ab Ziffer 4 beschrieben.

Spezielle Desinfektionswischgeräte

Geräte mit Kunststoffbehälter am Stiel, der je nach Typ ein Fassungsvermögen von 0,5 bis 1,5 l Reinigungs- bzw. Desinfektionsmittellösung aufweist. Am oberen Stielende befindet sich ein Dosierknopf, der eine gleichmäßige Flüssigkeitsabgabe während des gesamten Wischvorgangs ermöglicht. Die Arbeitsweise erfolgt ebenfalls nach der Bezugswechselmethode, d. h., für jedes Zimmer wird ein frischer Bezug verwendet.

Diese Geräte werden häufig aufgrund schlechterer ergonomischer Eigenschaften ausschließlich punktuell, z. B. zur Entfernung so genannter Spontanverschmutzungen, eingesetzt.

Einstufige Nasswischverfahren ermöglichen eine rationelle Arbeitsweise mit einer sehr hohen Flächenleistung bei der Fußbodenreinigung. Allerdings eignen sie sich ausschließlich für Bereiche mit geringem Schmutzaufkommen. Dennoch kann es allmählich zu einem Aufbau

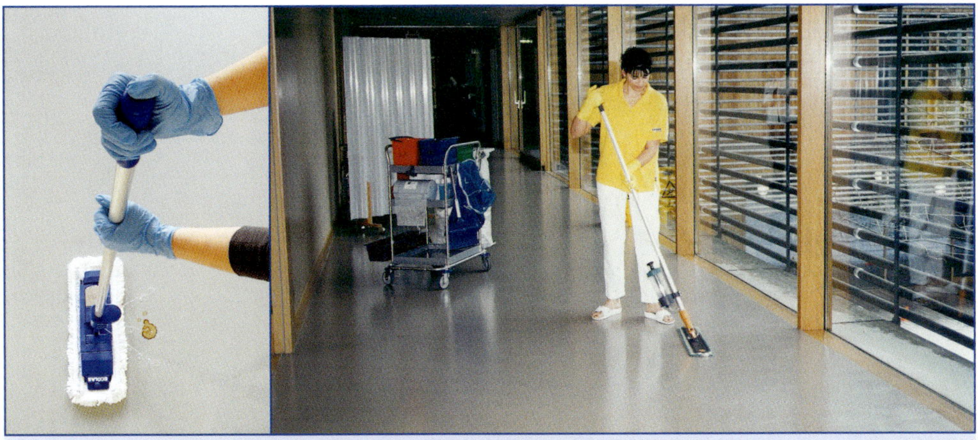

■ Abb. 8/3: Desinfektionswischgeräte (Hersteller: Ecolab (links); Quelle: Diversey (rechts))

von Reinigungsmittel- bzw. Desinfektionsreinigerrückständen und nicht vollständig entfernten Verschmutzungen kommen, was zu einer Vergrauung und Klebrigkeit des Fußbodens führen kann. Um dieser Problematik vorbeugend entgegenzuwirken, sollte wenigstens einmal wöchentlich ein zweistufiges Nasswischverfahren zur Anwendung kommen.

Maschinelle Fußbodenreinigung

Große, gering überstellte Flächen werden bei der Unterhaltsreinigung rationell durch Scheuersaugen gereinigt. Da aufgrund der Absaugung keine ausreichende Restfeuchtigkeit auf dem Belag zurückbleibt, kann kein Desinfektionserfolg gewährleistet werden, somit eignet sich dieses einstufige Verfahren nur zur Reinigung. Wenn durch Scheuersaugen desinfiziert werden soll, muss zweistufig verfahren werden (1. Stufe: Auftrag der Desinfektionsreinigerflotte ohne Absaugung, 2. Stufe: Absaugen der Flotte nach entsprechender Einwirkzeit).

8.4 Reinigung und Desinfektion im OP-Bereich

Arbeiten im OP-Bereich erfordern äußerste Sorgfalt. Die im OP-Trakt eingesetzten Reinigungsgeräte dürfen nicht in anderen Krankenhausbereichen eingesetzt werden! Vor Beginn der Reinigung sind die entsprechenden Körperschutzmaßnahmen zu beachten!

> Bei sichtbarer Verschmutzung wird zuerst eine gründliche Reinigung, anschließend die Desinfektion durchgeführt.

Ausnahme: Es handelt sich um infektiöse Materialien. Hier muss aufgrund erhöhter Infektionsgefahr zunächst eine Desinfektion der Verschmutzung stattfinden, bevor diese entfernt wird; anschließend erfolgt die eigentliche Desinfektion der gereinigten Oberfläche.

OP-Kleidung

Das Reinigungspersonal trägt:

- OP-Kleidung,
- Gummischuhe,
- Handschuhe,
- Kopfhaube,
- Mundschutz.

Reinigungsarten im OP-Bereich

- OP-Zwischenreinigung
  - gründliche, jedoch reduzierte Reinigung zwischen zwei Operationen,
- OP-Schlussreinigung
  - tägliche gründliche Reinigung des gesamten OP-Bereichs nach Beendigung des OP-Programms.

Zwischenreinigung im OP-Bereich (Beispiel)

1. Abfallbehälter in Abfallsäcke entleeren; diese fachgerecht verschließen und zur Entsorgung bereitstellen.
2. Abfallbehälter innen und außen desinfizieren.
3. Abfallbehälter mit entsprechenden Entsorgungsbeuteln bestücken.
4. Desinfektion des Mobiliars (Wagen, Tritte, Schreibpult, Infusionsständer, Hocker, Abfallsackhalterung, fahrbare Eimer etc.).
5. Sämtliche Armaturen und Handgriffe desinfizieren.
6. Waschbecken, Spiegel und Ablagen vollflächig desinfizieren.

7. Papierhandtücher-, Desinfektionsmittelspender ggf. bestücken.
8. Desinfektion der OP-Tische und OP-Lampen.
9. Gründliche Desinfektion des Fußbodens um den OP-Tisch.

Reinigung im OP-Bereich – Schlussreinigung (Beispiel)

1. Abfallbehälter in Abfallsäcke entleeren; diese fachgerecht verschließen und zur Entsorgung bereitstellen.
2. Abfallbehälter innen und außen desinfizieren.
3. Abfallbehälter mit entsprechenden Entsorgungsbeuteln bestücken.
4. Kommunikationsgeräte (Telefon, Sprechanlage etc.) desinfizieren.
5. Desinfektion der Lichtschalter und Steckdosen.
6. Ggf. Heizkörper und -rohre sowie Sockelleisten desinfizieren.
7. Ggf. Fensterbänke desinfizieren.
8. Sämtliche Armaturen, Handgriffe und Leitungsrohre desinfizieren.
9. Wandflächen bis zur Deckenhöhe desinfizieren.
10. Trennwände und Türen vollflächig desinfizieren.
11. Waschbecken, Spiegel und Ablagen vollflächig desinfizieren.
12. Papierhandtücher- und Seifenspender ggf. bestücken.
13. Desinfektion der OP-Tische und OP-Lampen.
14. Desinfektion des Inventars (Wagen, Tritte, Schreibpult, Infusionsständer, Hocker, Abfallsackhalterung, fahrbare Eimer etc.).
15. Gründliche Desinfektion des Fußbodens einschließlich Stoß- und Scheuerleisten.
16. Sehr wichtig: Alle beweglichen Gegenstände (z. B. Beistelltische, Ständer etc.) müssen nach der Reinigung wieder genau so angeordnet sein wie vor der Reinigung.

Art und Konzentration von Behandlungsmitteln wie z. B. der Einsatz von Desinfektionsreinigern werden von der für die Hygiene verantwortlichen Stelle (Hygienekommission) vorgegeben.

8.5 Raumdesinfektion

Eine Raumdesinfektion durch Verdampfen oder Vernebeln von Formaldehyd ist nur in sehr seltenen Ausnahmefällen notwendig wie z. B. bei Ausbruchsituationen bestimmter Erkrankungen wie virusbedingtem hämorrhagischem Fieber oder Lungenmilzbrand. Die Anforderungen bei der Durchführung einer Raumdesinfektion mit Formaldehyd regelt die TRGS 522.

9 Personalmanagement für die Objektleitung

von Eva Wieprecht

Die Objektleitung ist verantwortlich für die Umsetzung der Dienstleistungen beim Kunden. Entsprechend hat sie neben dem technischen Know-how vielfältige Aufgaben im Personalmanagement zu leisten. Zu den Aufgaben der Objektleitung gehören vor allem die Personalsuche, Einstellung, Einarbeitung, Personalbetreuung und Personalführung ebenso wie die Abwicklung von Mitarbeiterkündigungen.

9.1 Personalsuche, Einstellung und Einarbeitung

Der Vertrieb war erfolgreich und hat sich bei der Ausschreibung eines neuen Reinigungsauftrags durchsetzen können. Nun gilt es für die Objektleitung den Auftrag nach den Vorgaben der Arbeitsvorbereitung praktisch umzusetzen. Die Objektleitung steht vor der Aufgabe, qualifiziertes Personal zu finden.

Dazu gibt es folgende Möglichkeiten der Mitarbeitersuche:

- Kollegenwerbung,
- Inserate,
- Anfragen beim Arbeitsamt,
- Besetzung durch Zeitarbeitsunternehmen,
- Aushänge und Informationsblätter in der Wohngegend.

Welchen Weg man im Einzelnen bei der Personalsuche beschreitet, ist einerseits von der zu besetzenden Position als auch von den Kosten-, Zeit- und Qualitätsfaktoren abhängig. Wählt man die Suche über eine Stellenanzeige, dann sollte darauf geachtet werden, dass die Anzeige alle wichtigen Informationen enthält (Tätigkeit, Ort, Arbeitszeitlage, Dauer, wichtige Kenntnisse und Fertigkeiten, Ansprechpartner für die Bewerbung). Über eine wohl formulierte Anzeige können bereits interessierte Kandidaten herausgefiltert werden, die auch zu den organisatorischen und vertraglichen Rahmendaten passen. In persönlichen Gesprächen erfahren Sie mehr über die Ernsthaftigkeit des Interesses und mögliche Vorkenntnisse des Bewerbers. Im Vorstellungsgespräch dient ein Personalfragebogen zur Unterstützung bei der Auswahl von wichtigen Fragen:

Personal- und Vorstellungsbogen

Persönliche Angaben:

Name

Anschrift

Sozialversicherungsnummer

Staatsangehörigkeit

Europapass unbefristete Aufenthaltserlaubnis ❑ Aufenthaltsberechtigung ❑

Geburtsdatum Geburtsort

Geburtsname

Gesetzlich krankenversichert? Ja ❑ Nein ❑ KK

Schüler/-in ❑ Student/-in ❑ Rentner/-in ❑ Hausfrau/-mann ❑

Ich beziehe Arbeitslosengeld ❑ Euro
Sozialhilfe ❑ Euro
Rente ❑ Euro

Ich habe eine Hinzuverdienstgrenze von Euro.

Schwerbehinderung Ja ❑ Nein ❑; Grad der Minderung %

Waren Sie bei uns schon einmal zuvor beschäftigt? Nein ❑ Ja ❑ Wann

Üben Sie derzeit noch eine weitere Beschäftigung aus? Nein ❑ Ja ❑

Arbeitgeber Art der Beschäftigung

Hinzuverdienst

Haben Sie einen Führerschein? Ja ❑ Nein ❑

PKW vorhanden? Ja ❑ Nein ❑

Für kurzfristige Beschäftigung:

Haben Sie im laufenden Kalenderjahr bereits eine befristete Beschäftigung ausgeübt?

Nein ❑ Ja ❑ Beginn ______ Ende ______ Arbeitgeber ______

Fähigkeiten:

Haben Sie Fachkenntnisse?	Ja ❑	Nein ❑
Haben Sie Erfahrung als Vorarbeiter/in?	Ja ❑	Nein ❑
Haben Sie Erfahrung mit Grundreinigungen?	Ja ❑	Nein ❑
Haben Sie Fertigkeiten im Umgang mit Maschinen?	Ja ❑	Nein ❑

Welche Sprachkenntnisse haben Sie? ______

Wenn die Auswahl an qualifizierten Mitarbeitern getroffen wurde, stellt der Arbeitsvertrag die rechtliche Grundlage der gemeinsamen Zusammenarbeit dar. In ihm werden alle Rechte und Pflichten, die ein Arbeitnehmer in Verbindung mit seinem Beschäftigungsverhältnis hat, festgehalten.

Grundsätzlich unterscheidet man zwischen:

- befristeten Arbeitsverhältnissen
  - Befristungen mit oder ohne Sachgrund,
- unbefristeten Arbeitsverhältnissen.

Der befristete Arbeitsvertrag hat den großen Vorteil, dass das Arbeitsverhältnis vorab für einen bestimmten festgelegten Zeitraum geschlossen werden kann, sodass ein Arbeitsverhältnis endet, ohne dass es einer Kündigung bedarf, es sei denn, es wird ausdrücklich vor Ablauf des Beschäftigungsverhältnisses eine Verlängerung vereinbart.

Typische Fälle für eine Sachgrundbefristung sind:

- längere Urlaubsvertretungen,
- Krankheitsvertretungen,
- Vertretungen für einen Elternteil in Elternzeit,
- Überbrückung saisonaler Spitzen.

Handelt es sich um eine Ersteinstellung des Mitarbeiters, so besteht die Möglichkeit, ohne Angabe von Gründen eine Befristung vorzunehmen. In diesem Fall darf bis zu einer maximalen Dauer von zwei Jahren die Befristung maximal dreimal verlängert werden.

Beispiel:

Ersteinstellung für sechs Monate, Erstverlängerung für sechs Monate, Zweitverlängerung für sechs Monate, Drittverlängerung für sechs Monate.

Bei dieser Befristungsregelung ist darauf zu achten, dass die Verlängerungen innerhalb der Höchstdauer von zwei Jahren unmittelbar erfolgen müssen, d. h., zwischen den einzelnen Verlängerungen dürfen keine Unterbrechungen bestehen. Für die praktische Handhabung bietet es sich daher an, dies in Verbindung mit einer Verlängerungsabrede vorzunehmen.

Verlängerungsabrede zum befristeten Arbeitsvertrag nach dem Beschäftigungsförderungsgesetz

zwischen der Firma

und

Frau/Herrn

Die Vertragsparteien stimmen darin überein, dass der zwischen ihnen bestehende, befristete Arbeitsvertrag verlängert wird bis auf weiteres/bis zum

Es handelt sich um eine: ❑ Erst- ❑ Zweit- ❑ Drittverlängerung.

Die übrigen Bestimmungen des Arbeitsvertrags bleiben hiervon unberührt.

Datum

Arbeitnehmer Arbeitgeber

Achten Sie stets darauf, die Mitarbeiter ausführlich über die Inhalte und die daraus entstehenden Rechte und Pflichten zu unterrichten und anschließend eine Kopie des Arbeitsvertrags dem Mitarbeiter auszuhändigen!

Neben einem gut vorbereiteten und wohl gesteuerten Einstellungsprozess entscheiden auch ein geplanter erster Tag, eine professionell gesteuerte Einarbeitungszeit und eine fortlaufende Schulung über den Erfolg der Neubesetzung einer Stelle. Der erste Arbeitstag ist für einen neuen Mitarbeiter besonders wichtig und prägend. Ein kurzes und freundliches Anschreiben oder ein ausführliches Telefonat vor Arbeitsbeginn bringt Ihre Wertschätzung zum Ausdruck und stellt sicher, dass der neue Mitarbeiter weiß, wann und wo er seinen Dienst beginnt und welche Unterlagen er mitbringen soll. Nehmen Sie den Mitarbeiter am ersten Arbeitstag persönlich in Empfang und helfen Sie ihm mit ein paar persönlichen Worten und wichtigen Hinweisen, sich zurechtzufinden und sich wohl zu fühlen.

Einarbeitungsplan und Schulung

Besonders zu Beginn eines Beschäftigungsverhältnisses ist es wichtig, dass Sie sich Zeit für eine fundierte Einarbeitung nehmen. Auch wenn Sie es mit einer erfahrenen Reinigungskraft zu tun haben, eine fundierte Einarbeitung und praktische Schulung im Kundenobjekt haben viele Vorteile:

- Stärkung der Vertrauensbeziehung,
- gemeinsames Verständnis für verschiedene Reinigungstechniken, Handhabung von Werkstoffen, Umgang mit Maschinen,
- gemeinsames Verständnis zum Auftreten im Kundenobjekt,
- Informationsaustausch relevanter Unternehmens- und Kundenobjektdaten,
- Motivation und Führen durch Vorbild,
- Wertschätzung der Mitarbeiter.

Um einen einheitlichen Einarbeitungsprozess zu gewährleisten und um die Vorteile dieser Schulungsphase voll zu nutzen, kann es sinnvoll sein, nach einem einheitlichen Plan vorzugehen.

Einarbeitungsschulungsplan

Objekt Revier

Name Mitarbeiter Arbeitsbeginn

Weiß der neue Mitarbeiter, zu welcher Uhrzeit und wo er am ersten Arbeitstag erscheinen muss? ❑

Wurden ein Ansprechpartner und eine Kontaktnummer kommuniziert? ❑

Weiß der Mitarbeiter, welche Unterlagen er mitbringen muss?

Lohnsteuerkarte ❑

Krankenkassenkarte/Mitgliedsbescheinigung der KK ❑

Aufenthaltsgenehmigung/Arbeitserlaubnis ❑

Ausweispapiere ❑

Bankverbindung ❑

Sozialversicherungsnachweis ❑

Urlaubsbescheinigung des letzten Arbeitgebers ❑

Übergabe der folgenden Daten und Unterlagen

Schulungen:

Revierplan/Arbeitsplan/LV ❑ Datum und Anmerkung

Reinigungsmittel und Werkstoffe ❑ Datum und Anmerkung

Reinigungsgeräte ❑ Datum und Anmerkung

Arbeitssicherheit/Gefahrstoffe	❑	Datum und Anmerkung
Reinigungsmaschine	❑	Datum und Anmerkung
Reinigungsmethode	❑	Datum und Anmerkung
Schlüsselunterweisung	❑	Datum und Anmerkung
Objektbesonderheiten	❑	Datum und Anmerkung
Objektmappe/Anwesenheitsliste	❑	Datum und Anmerkung
Wichtige Unternehmensdaten	❑	Datum und Anmerkung
Organisatorisches (Urlaub, Krankheit, Bestellung)	❑	Datum und Anmerkung

Wenn es die organisatorischen Möglichkeiten erlauben, ist es sinnvoll, dem „Mitarbeiter in Einarbeitung“ für den Zeitraum von ein bis zwei Wochen einen erfahrenen Mitarbeiter als Pate an die Hand zu geben. Dieser Mitarbeiter sollte die Fähigkeit mitbringen, dem „neuen“ Mitarbeiter wichtige Fragen zu beantworten, Hilfestellungen bei den gewerblichen Tätigkeiten zu geben und Inhalte durch einfache Erklärungen und Vormachen zu vermitteln. Zudem sollte dieser Mitarbeiter das Gefühl vermitteln können, dass es erlaubt ist, zu fragen und lernen zu dürfen. Dieses Paten-Verfahren hilft dem Mitarbeiter sich schnell zurechtzufinden und ins Team zu integrieren. Als Nebenprodukt wirkt sich die zusätzliche Herausforderung motivierend für den „Stamm-Mitarbeiter“ aus.

9.2 Personalbetreuung

Im Laufe eines Beschäftigungsverhältnisses können Veränderungen eintreten, welche die Anpassung der Rahmenbedingungen erfordern. In diesen Fällen ist die enge und kooperative Zusammenarbeit von Personalabteilung und Objektleitung besonders wichtig. Bei der Betreuung der laufenden Beschäftigungsverhältnisse bilden Personalabteilung und Objektleitung im besten Fall ein sich ergänzendes Team. Dabei übernimmt die Personalabteilung die Verantwortung für die Fachberatung, Terminüberwachung und Auswahl der Maßnahmen (z. B. Änderungsvertrag, Dienstanweisung, Abmahnung usw.) und die Objektleitung trägt die Informations- und Durchführungsverantwortung.

Änderungsverträge und Zusatzvereinbarungen

Zusatzvereinbarungen und Änderungen im Arbeitsvertrag müssen schriftlich vereinbart werden, um die aktuellen Beschäftigungsrahmen widerzuspiegeln. Sie können u. a. aufgrund der folgenden Fälle notwendig werden:

- Vereinbarung einer übertariflichen Zulage, die sich nur auf eine bestimmte Tätigkeit bezieht,
- Zusatzvereinbarung für die Tätigkeit in besonderen Objekten mit Ruhezeiten in den Schulferien,
- Versetzungsmitteilung aufgrund der Beendigung eines Auftrags bzw. der Veränderung des Kundenauftrags, die sich auf die Personalplanung direkt auswirkt,
- Änderungskündigung aufgrund der Reduzierung eines Kundenauftrags bzw. aufgrund der Kündigung des Auftrags,
- Wechsel von einem geringfügigen Beschäftigungsverhältnis zu einem sozialversicherungspflichtigen Beschäftigungsverhältnis und umgekehrt.

Die notwendigen Anpassungen können aufgrund von Änderungsverträgen oder Ergänzungen bzw. Zusatzvereinbarungen zum Arbeitsvertrag erfolgen.

Muster-Zusatzvereinbarung zum Arbeitsvertrag über eine freiwillige übertarifliche Zulage

zwischen der Firma ....

und

Frau/Herrn ....

In Ergänzung des bestehenden Arbeitsvertrags treffen die Parteien folgende Vereinbarung bezüglich der Vergütung:

Tariflohn	❑	Euro je Stunde
Übertarifliche freiwillige Zulage	❑	Euro je Stunde
Gesamt Stundenlohn	❑	Euro je Stunde

Soweit Über- bzw. Außertarifbezahlung gewährt wird, ist diese widerruflich. Der Widerruf kann erfolgen, wenn sich die wirtschaftliche Lage des Betriebes verschlechtert, insbesondere wenn der Jahresgewinn des Betriebs unter ...... % des Jahresumsatzes sinkt und/oder wenn dem Arbeitnehmer Vertragsverletzungen vorzuwerfen sind. Die Zusage gilt nur bis zu einer Änderung des gegenwärtig gültigen Entgelttarifvertrages. Sie kann jederzeit bei Tariflohnerhöhungen angerechnet werden, auch dann, wenn der Betrieb in der Vergangenheit auf derartige Anrechnungen verzichtet hat.

Der Arbeitsvertrag im Übrigen wird hierdurch nicht berührt.

Die Vereinbarung der übertariflichen Zulage gilt ausschließlich

❑ für die Tätigkeiten im Objekt: ....

❑ für die folgende genau zu benennende Tätigkeit: ....

Für alle anderen Tätigkeiten/in der übrigen Zeit gilt der aktuelle Tariflohn.

Datum ....

Arbeitnehmer .... Arbeitgeber ....

Mit dieser Zusatzvereinbarung kann gewährleistet werden, dass der Arbeitsvertrag um die besondere Regelung des Tariflohns ergänzt wird und eine Verallgemeinerung des übertariflichen Lohnes ausgeschlossen bleibt.

Mitarbeiter, die bei öffentlichen Trägern eingesetzt sind und deren Beschäftigungsverhältnis in den Schulferienzeiten ruht, sollten mit einer Zusatzvereinbarung explizit über diese besonderen Beschäftigungsbedingungen unterrichtet werden.

Arbeitsplatzanweisungen

Es gibt Umstände, die den Einsatzort eines Mitarbeiters verändern lassen:

- Der Reinigungsauftrag wurde gekündigt.
- Die Struktur wurde geändert (Wechsel von GV-Beschäftigungsverhältnissen zu SV-Beschäftigungsverhältnissen).
- Der Kunde wünscht einen ausdrücklichen Wechsel.

Diese und andere Gründe können dazu führen, dass eine Versetzung des Mitarbeiters ansteht. Wenn ein Mitarbeiter in ein anderes Objekt versetzt werden muss und sich die Rahmenbedingungen des Arbeitsvertrags (gleiche Gesamtstundenzahl, ähnliche Arbeitszeiten, gleiches Tätigkeitsfeld) dabei nicht verändern, kann dies kraft Direktionsrecht mit Zuhilfenahme einer Arbeitsplatzanweisung erfolgen.

Muster-Arbeitsplatzanweisung

Sehr geehrte/r Frau/Herr ....,

hiermit weisen wir Ihnen kraft Direktionsrecht einen neuen Arbeitsplatz zu.

Beginn der Tätigkeit .... Objekt ....

Arbeitszeiten Bitte melden Sie sich bei Frau/Herrn

am .... um .... Beginn der Tätigkeit.

Der Wechsel findet von Objekt .... zu Objekt .... statt.

Falls sich Ihrerseits Rückfragen ergeben sollten, melden Sie sich bitte

bei Herrn/Frau ...., Telefon-Nr. ....

Datum Unterschrift

Vorbereitungsarbeiten zur Lohnabrechnung

Eine zentrale Aufgabe im Personalbetreuungsprozess stellen die monatlich wiederkehrenden Vorbereitungsarbeiten zur Lohnabrechnung dar. In der Gebäudereinigung wird die Anwesenheit auf Basis von Stundenzetteln im Objekt überprüft und so die täglich geleisteten Stunden erfasst, welche als Grundlage zur Lohnabrechnung dienen. Die Anwesenheitslisten werden täglich im Objekt geführt und enthalten neben den Mitarbeiterdaten, Informationen über Beginn, Ende und Dauer der Tätigkeit. Abweichungen zu den geplanten Regelarbeitszeiten werden auf Stundenzetteln oder Kopien der Dienstpläne taggenau erfasst. Zu unterscheiden sind dabei die folgenden Regelfälle:

- Produktivstunden werden geleistet wie vorgegeben. Der Dienstplan bzw. Stundenzettel wird nicht verändert.
- Es werden +/– Stunden absolviert. Der Dienstplan bzw. Stundenzettel wird um die geleisteten +/– Stunden ergänzt.
- Der Mitarbeiter ist krank und hat eine Arbeitsunfähigkeitsbescheinigung vorgelegt. Der Dienstplan wird mit K gekennzeichnet.
- Der Mitarbeiter fehlt unentschuldigt. Der Dienstplan wird mit F gekennzeichnet.
- Der Mitarbeiter hat Urlaub mit Urlaubsantrag. Der Dienstplan wird mit U gekennzeichnet.

Die Stundenzettel, die als Vorbereitungsformular der Lohnbuchhaltung dienen, weisen neben den geplanten Regelstunden der einzelnen Mitarbeiter die davon abweichenden Daten aus. So wird z. B. an den Tagen, an denen ein Mitarbeiter entschuldigt fehlt, der Stundenzettel durch ein K gekennzeichnet. So kann der Buchhaltung unmissverständlich kommuniziert werden, dass die Stunden an diesen Tagen als Lohnfortzahlung und nicht als Produktivstunden verbucht werden.

Meldepflicht bei Arbeitsunfähigkeit

Im Falle einer Arbeitsunfähigkeit besteht eine doppelte Kontrollmöglichkeit zwischen Objektleitung und Personalabteilung, da die mit K gekennzeichneten Tage durch eine Arbeitsunfähigkeitsbescheinigung belegt sein müssen, wenn es sich um eine Krankheit handelt, die länger als drei Tage andauert. Krankmeldungen werden gemäß Entgeltfortzahlungsgesetz so gehandhabt, dass in den ersten drei Tagen eine Krankmeldung mündlich erfolgen kann. Sollte die Krankheit diesen Zeitraum überschreiten, so ist am Folgetag des dritten Krankheitstags ein ärztliches Attest vorzulegen. Abweichend darf der Unternehmer vereinbaren, dass Mitarbeiter bereits mit dem ersten Krankheitstag ein schriftliches ärztliches Attest vorlegen müssen. Zur allgemeinen Einführung einer entsprechenden Regelung können entsprechende Dienstanweisungen formuliert werden oder als Bestandteil in den Arbeitsvertrag, unter der Regelung von Anzeigepflichten, aufgenommen werden.

Formulierung zur Handhabung von Arbeitsverhinderungen

Eine Arbeitsverhinderung ist dem Arbeitgeber bzw. seinem Vertreter unverzüglich, spätestens eine Stunde vor der geplanten Arbeitsaufnahme unter Angabe der Gründe mitzuteilen. Bei einer Arbeitsunfähigkeit ist bereits mit dem ersten Tag der Erkrankung eine ärztliche Originalbescheinigung vorzulegen, aus der die Arbeitsunfähigkeit sowie deren Beginn und voraussichtliche Dauer ersichtlich sind. Dauert die Arbeitsunfähigkeit länger als in der Bescheinigung angegeben, so ist der/die Arbeitnehmer/in verpflichtet, unverzüglich den Arbeitgeber zu informieren und zusätzlich eine neue ärztliche Bescheinigung vorzulegen.

Bei einem Arbeitsunfall ist der/die Arbeitnehmer/in verpflichtet, diesen sofort dem Arbeitgeber zu melden.

Urlaubsregelungen

Sollte ein Mitarbeiter einen beantragten und genehmigten Urlaub angetreten haben, so ist dies auf dem Stundennachweis mit einem U zu kennzeichnen, da die Produktivstunden an diesem Tag für den betreffenden Mitarbeiter herausfallen und stattdessen Urlaubsentgelt in Verbindung mit Urlaubsgeld bezahlt wird. Die Produktivtage werden einem Kollegen angerechnet, der im Ersatz die Tätigkeiten für den Mitarbeiter im Urlaub übernommen hat. Eine schriftliche Handhabung ist hierbei unbedingt zu empfehlen.

Muster-Urlaubsantrag für gewerbliche Mitarbeiter

Name ....

Urlaub von .... bis .... Anz. Tage ....

Vorhandener Resturlaub .... Tage

Datum .... Unterschrift Arbeitnehmer ....

genehmigt von .... ❑ nicht genehmigt

Grund ....

Der Urlaubsantrag ist genehmigungspflichtig und bezüglich der Termine verbindlich. Der Arbeitnehmer muss nach Ablauf des beantragten Urlaubs die Arbeit wieder aufnehmen.

Eigenmächtiger Urlaubsantritt bzw. eigenmächtige Verlängerung des Urlaubs sind Gründe, die zur Kündigung – gegebenenfalls auch fristlos – durch den Arbeitgeber führen. Grundsätzlich ist der Mitarbeiter in seiner Urlaubsplanung frei. Eine Ablehnung ist nur dann gerechtfertigt, wenn dringende betriebliche Belange oder Urlaubswünsche anderer Beschäftigter im Team, die unter sozialen Gründen Vorrang haben, entgegenstehen (§ 7 Bundesurlaubsgesetz).

9.3 Personalführung und Mitarbeitermotivation

Zu den wohl größten Herausforderungen der Aufgaben als Objektleiter gehören neben der Kundenkommunikation das Führen und Motivieren von gewerblichem Personal, denn nur motivierte Mitarbeiter arbeiten auch wirklich mit und bringen ihre persönlichen und fachlichen Fähigkeiten zur Erfüllung des Reinigungsauftrags ein.

Mitarbeitermotivation

Die Herausforderung hat unterschiedliche Hintergründe. Reinigungstätigkeiten sind mit einer recht geringen Bezahlung und oft schweren körperlichen Tätigkeiten verbunden. Status und Anerkennung sind mit Reinigungstätigkeiten im Regelfall nicht verbunden, obwohl die Werterhaltung von Gebäuden und der Hygiene- und Reinigungsstandard äußerst wichtig sind. Kulturelle Unterschiede und sprachliche Missverständnisse bergen zusätzliche Risiken für Missverständnisse und Konflikte, Kosten- und Zeitdruck lassen wenig Spielraum für Mitarbeiterwünsche. Stellt sich doch die berechtigte Frage: Ist Mitarbeitermotivation in diesem Bereich möglich? Die Antwort ist „ja". Motivation beruht grundsätzlich auf dem Wunsch nach Befriedigung von Bedürfnissen. Dies gilt auch für ungeliebte und schwere Tätigkeiten, schließlich stellt die Sicherung existenzieller Bedürfnisse einen wesentlichen Antrieb menschlichen Handelns dar. Neben der existenziellen Sicherung spielen Bedürfnisse nach Sicherheit, sozialem Anschluss, Wertschätzung und Anerkennung als auch Selbstverwirklichung eine große Rolle. Die Objektleitung hat die Möglichkeit, auf allen Ebenen motivierend zu agieren, insbesondere durch ein entsprechendes Führungsverhalten.

Führungsverhalten

Die wichtigsten Regeln zum Führungsverhalten, die Ihre Professionalität untermauern:

- Schaffen Sie organisatorische Rahmenbedingungen, in denen Mitarbeiter die notwendigen Mittel und Informationen zur Verfügung haben.
- Schaffen Sie ein angenehmes Umfeld. Vielleicht kann man im Aufenthaltsraum mit ein paar Kleinigkeiten eine persönliche Atmosphäre herstellen. Denken Sie an Geburtstage und besondere Anlässe. Kleine Aufmerksamkeiten fördern eine positive Stimmung.

- Fördern Sie einen offenen Informationsaustausch, in dem Mitarbeiter angstfrei Meinungen und Verbesserungsvorschläge äußern können. Wenn Sie die Wünsche und Vorschläge der Mitarbeiter nicht aufnehmen können, dann argumentieren Sie dies offen und klar. Sie untermauern Ihre Fähigkeit als Führungskraft und fördern ein Vertrauensverhältnis.
- Nehmen Sie sich Zeit für eine fundierte Einarbeitung und schulen Sie Ihre Mitarbeiter kontinuierlich weiter. Die zusätzliche Zeit in der Einarbeitung wirkt sich positiv auf die Einstellung des Mitarbeiters aus und spart Zeit bei der späteren Fehlerkorrektur.
- Fördern Sie einen freundlichen und kollegialen Umgangston. Ein freundliches Wort ist auch bei Tätigkeiten unter Zeitdruck möglich. Gehen Sie mit Ihrem Team so um, wie Sie es auch für sich selbst wünschen.
- Schaffen Sie ein Umfeld, in dem Konflikte offen angesprochen und gelöst werden. Konflikte entstehen meist aufgrund von Missverständnissen und lassen sich, wenn man sie offen und zeitnah anspricht, schnell lösen.
- Seien Sie ein Vorbild für Ihre Mitarbeiter. Fordern Sie nichts von Ihren Mitarbeitern, zu dem Sie selbst nicht in der Lage wären. Seien Sie das Vorbild, das Sie sich selbst als Vorgesetzten wünschen.
- Stellen Sie Forderungen an Ihre Mitarbeiter klar, indem Sie genau formulieren, was Sie wie und bis wann von ihnen erwarten.
- Bringen Sie angemessenes Lob und Anerkennung zum Ausdruck, wenn sich Mitarbeiter durch gute Arbeit hervor getan haben oder sich durch die Übernahme von Zusatzaufgaben besonders kollegial verhalten haben, dann nehmen Sie sich die Zeit dies kurz und konkret zum Ausdruck zu bringen. Positives Feedback verstärkt positives Verhalten.
- Äußern Sie Kritik sachbezogen und lösungsorientiert. Formulieren Sie Leistungsabweichungen, sodass der Mitarbeiter eine klare Orientierung hat, was er wie verändern soll, um eine Leistungsverbesserung zu erzielen. So hat die Kritik im besten Fall einen motivierenden und schulenden Charakter.
- Setzen Sie Ziele und lassen Sie Ihre Mitarbeiter wissen, dass sie einen wichtigen Teil an einem Gesamtziel leisten. Das Wissen um eine Leistung, die eine Bedeutung hat, wirkt sich motivierend aus.

Erbringt ein Mitarbeiter dennoch nicht die erwünschten Arbeitsergebnisse oder verhält sich nicht vorgabengerecht, so können die Ursachen in verschiedenen Bereichen liegen. Leistungs- und Verhaltensmängel können aufgrund eignungsbedingter (fehlender geistiger und körperlicher Kräfte), lernbedingter (fehlender Kenntnisse), ausstattungsbedingter (fehlender Mittel) und motivationsbedingter Defizite entstehen. Klären Sie zunächst die möglichen Ursachen, um eine geeignete Kritik in Verbindung mit den passenden Maßnahmen durchzuführen.

Das Kritikgespräch

Kritikgespräche gehören zu den schwierigsten Mitarbeitergesprächen. Sie sind oft unbeliebt und werden häufig gemieden. Dies liegt vor allem daran, dass ein Kritikgespräch die Risiken birgt, dass es zu persönlichen, unsachlichen Äußerungen kommt, Mitarbeiter enttäuscht und demotiviert reagieren und sich angegriffen fühlen. Insofern befürchten beide Seiten, dass das Gespräch zu einem ungewünschten Ergebnis führt. Nachdem die Vermeidung eines solchen Gesprächs jedoch auch zu einem unerwünschten Ergebnis führt und jedes Vermeidungsverhalten die Situation im Regelfall sogar verschlechtert, ist es wichtig, unter Berücksichtigung der Besonderheiten eines Kritikgesprächs, dieses mit besonderer Sorgfalt vorzubereiten. Das Gespräch soll Ursachen aufdecken und beseitigen und dient nicht der Schuldzuweisung. Schuldzuweisungen sind persönlich und führen ausschließlich zu Gegenwehr und Demotivierung. Ein gut geführtes Kritikgespräch kann im besten Fall den Mitarbeiter schulen und zu einer Verbesserung mit klar definierten Maßnahmen motivieren. Ein Kritikgespräch kann folgendermaßen geplant werden:

- Schaffen Sie einen respektvollen Gesprächrahmen.
- Benennen Sie dann klar und unmissverständlich die Kritikpunkte und benennen Sie konkret die Verhaltens- bzw. Leistungsmängel.
- Geben Sie dem Mitarbeiter die Möglichkeit, Stellung zu nehmen.
- Erarbeiten Sie gemeinsame Lösungsmöglichkeiten und Maßnahmen zur Verbesserung.
- Vereinbaren Sie einen Kontrollrahmen.
- Beenden Sie das Gespräch optimistisch und wertschätzend.

Die Notwendigkeit von Kontrollen

Ein Objektleiter kann seiner Gesamtverantwortung nur dann gerecht werden, wenn er sich vergewissert hat, ob die Qualität der Reinigungsleistung stimmt, Arbeitszeiten beachtet werden, Material und Maschinen sparsam und ordnungsgemäß gehandhabt und vereinbarte Regeln beachtet werden. Dies begründet die Notwendigkeit von Kontrollen, welche eine äußerst wichtige und sensible Führungsaufgabe darstellen. Kontrollen wecken meist bei Mitarbeitern das Gefühl von Misstrauen und fördern die Angst, bei Fehlern sanktioniert zu werden. Darum ist es wichtig, dass eine Führungskraft sensibel und sinnvoll mit der Kontrollaufgabe umgeht.

Wenn Sie nach den folgenden Grundregeln verfahren, haben Kontrollen sogar einen motivierenden Effekt auf Ihre Mitarbeiter.

Führen Sie Stichproben-Kontrollen durch, die alle Mitarbeiter gleich betreffen. Signalisieren Sie Ihren Mitarbeitern, dass Sie sich ein allgemeines Bild von der Reinigungsqualität machen wollen und nicht immer wieder die „gleichen Kandidaten" herauspicken.

Vereinbaren Sie die Handhabung von Kontrollen und erläutern Sie sowohl die Vorteile als auch die Konsequenzen, schließlich fallen dabei auch besonders gute Leistungen auf.

Kontrollieren Sie mit der „Qualitätsbrille“ und nicht mit der „Fehlerbrille“.

Schaffen Sie eine offene Informations- und Lernkultur. Nutzen Sie entdeckte Fehler als Chance zum Lernen und zur Qualitätsverbesserung. Schließlich sind wir alle nicht unfehlbar. Dies gilt natürlich nicht in Fällen „nachgewiesener Unlust“. Nutzen Sie Kontrollen als wertvolles Informations- und nicht als Machtinstrument.

9.4 Beendigung des Arbeitsverhältnisses

Jedes Dienstleistungsunternehmen wünscht sich neben einer langjährigen Kundenbeziehung auch eine langjährige Mitarbeiterbindung zufriedener Mitarbeiter. Jedoch lässt sich das Ende eines Beschäftigungsverhältnisses nicht immer vermeiden. Die Gründe dafür können sowohl auf Unternehmens-, Kunden- als auch auf Mitarbeiterseite liegen. Eine Beendigung des Beschäftigungsverhältnisses kann aufgrund einer auslaufenden Befristung des Arbeitsvertrags, durch eine gegenseitige Vereinbarung im Sinne eines Auflösungsvertrags oder durch einseitige Willenserklärung durch den Unternehmer, d. h. durch Kündigung, erfolgen.

Beendigung aufgrund eines auslaufenden befristeten Arbeitsvertrags

Im Falle eines auslaufenden befristeten Arbeitsvertrags tritt das Ende des Beschäftigungsverhältnisses mit dem Enddatum des Vertrags ein. Es bedarf keiner weiteren zusätzlichen Kündigung. Das Enddatum des befristeten Arbeitsvertrags ist auch z. B. in Fällen des besonderen Kündigungsschutzes (z. B. werdende Mütter) bindend. Für die praktische Abwicklung ist es durchaus sinnvoll, das Beendigungsdatum mit einer Beendigungsinformation schriftlich dem Mitarbeiter mitzuteilen.

Muster-Beendigungs-Erklärung

Beendigungsinformation zum befristeten Arbeitsvertrag

zwischen der Firma ....

und

Frau/Herrn ....

Hiermit wird den Vertragsparteien zur Information bekannt gegeben, dass der bestehende befristete Arbeitsvertrag mit Ablauf der Frist automatisch zum .... endet.

Bitte geben Sie Schlüssel, Arbeitskleidung und sonstiges Eigentum der Firma bzw. unseres Kunden am letzten Arbeitstag ab.

Datum .... Unterschrift ....

Beendigung durch gegenseitige Vereinbarung (Aufhebungsvertrag anstelle einer Kündigung)

Wollen oder müssen Sie sich von einem Mitarbeiter trennen, so stellt die Kündigung nicht die einzige und ausschließliche Möglichkeit dar. Es kann durchaus sinnvoll sein über die Alternative eines Aufhebungsvertrags nachzudenken. Der Aufhebungsvertrag ersetzt die Kündigung und stellt eine außergerichtliche, einvernehmliche Auflösung des Beschäftigungsverhältnisses dar.

Der Vertrag sollte die folgenden Elemente enthalten:

- Die einvernehmliche Beendigung des Arbeitsverhältnisses,
- Regelung möglicher Vergütungsfortzahlung,
- Regelung der Abwicklung von Resturlaub und Urlaubsgeld,
- Freistellungsregelung,
- Belehrung, dass der Aufhebungsvertrag das Risiko einer Ruhezeit und möglicherweise einer Sperrzeit bis zu drei Monaten durch die Agentur für Arbeit birgt,

- Abgeltungsklausel, in der formuliert wird, dass die Parteien sich einig sind, dass mit Erfüllung des Vergleichs keine weiteren Ansprüche aus dem Arbeitsverhältnis gegeneinander bestehen.

Im Rahmen eines Aufhebungsvertrags sollte eine Abfindung angeboten werden. Diese bewegt sich bei entsprechender Anwendung der §§ 9, 10 Kündigungsgesetz mindestens in Höhe eines halben Monatsgehalts pro Beschäftigungsjahr.

Es sollte beachtet werden, dass der Arbeitnehmer dahingehend belehrt werden muss, dass er sich umgehend – spätestens binnen einer Woche – nach Vertragsschluss bei der für ihn zuständigen Agentur für Arbeit persönlich arbeitssuchend zu melden hat (§§ 2 Abs. 2 Nr. 3, 37b SGB III) und er durch den Aufhebungsvertrag eine mögliche Sperrzeit riskiert.

Beendigung durch einseitige Willenserklärung des Arbeitgebers – Kündigungsleitfaden für die Praxis

Beschäftigungsbeendigungen, die vor dem Arbeitsgericht entschieden werden, sind langwierig und kostspielig, sodass es von entscheidender Bedeutung für den Ausgang eines möglichen Verfahrens ist, ob im Vorfeld wichtige Schritte beachtet und bearbeitet wurden. Zudem sollte die Maxime eines jeden Unternehmens sein, die Beendigung eines Beschäftigungsverhältnisses mit gleicher Fürsorge und Professionalität durchzuführen wie die Gewinnung neuer Mitarbeiter. Vor Aussprache einer rechtswirksamen Kündigung ist es sinnvoll, in der folgenden Prüfreihenfolge zu verfahren und die folgenden Fragen zu beantworten. So wird gewährleistet, dass alle Aspekte im Vorfeld beachten werden und eine Kündigung nicht aufgrund formeller Mängel scheitert (dieser Leitfaden dient der praktischen Unterstützung und Vorbereitung von Kündigungsprozessen; er ersetzt nicht die fachliche Beratung und Vertretung durch einen Anwalt, Fachanwalt für Arbeitsrecht oder die juristische Fachabteilung von zuständigen Innungen).

Schritt 1

Muss die Kündigung begründet werden?

Bedingungen	Kündigungsschutz	Grund notwendig
1. Unter zehn Mitarbeiter	nein	nein
2. Mehr als zehn Mitarbeiter; Beschäftigung unter sechs Monate	nein	nein
3. Mehr als zehn Mitarbeiter; Beschäftigung länger als sechs Monate	ja	ja

Im vorliegenden Fall (Fall 3) gilt es, die folgenden Schritte weiter zu prüfen.

Schritt 2

Liegt ein betriebsbedingter Kündigungsgrund vor?

- Wegfall eines oder mehrerer Arbeitsplätze,
- kein Ersatzarbeitsplatz verfügbar,
- Sozialauswahl wurde durchgeführt und fiel zu Lasten des zu kündigenden Mitarbeiters aus
  - Betriebszugehörigkeit,
  - Alter,
  - Unterhaltsverpflichtungen,
  - Arbeitsmarktchancen,
  - Schwerbehinderung,
  - wirtschaftliche Lage des Arbeitnehmers.

Schritt 3

Liegt ein personenbedingter Kündigungsgrund vor?

- Einem Mitarbeiter wurde die Arbeitserlaubnis rechtskräftig versagt.
- Ein Mitarbeiter muss eine Freiheitsstrafe verbüßen.
- Es liegt der Sonderfall der krankheitsbedingten Kündigung vor
  - häufige Kurzerkrankungen,
  - lang andauernde Krankheit,
  - krankheitsbedingte Unmöglichkeit.

Es gelten die folgenden Kriterien zu überprüfen:

- Negative Gesundheitsprognose,
- erhebliche Beeinträchtigung betrieblicher Interessen,
- Interessenabwägung.

Schritt 4

Liegt ein verhaltensbedingter Kündigungsgrund vor?

Für das Vorliegen eines verhaltensbedingten Kündigungsgrunds müssen die folgenden Voraussetzungen erfüllt sein:

- Schuldhaftes Fehlverhalten
  - Störung im Leistungsbereich (z. B. Nichteinhaltung der Arbeitszeit, eigenmächtiger Urlaubsantritt, fehlerhafte Leistung, private Beschäftigungen am Arbeitsplatz),
  - Störungen im Vertrauensbereich (Verdacht einer Straftat, Beleidigung des Vorgesetzten, Vortäuschen einer Arbeitsunfähigkeit),
  - Störung der betrieblichen Ordnung (z. B. Verstoß gegen das betrieblich geltende Alkoholverbot, ausländerfeindliche Äußerungen, sexuelle Belästigung, Beleidigung von Kollegen, private Nutzung des Telefons trotz Verbot durch eine entsprechende Betriebsanweisung);
- vorausgehende Abmahnung wegen gleichen oder ähnlichen Verhalten.

Grundsätzlich gilt, dass jeder verhaltensbedingten Kündigung eine Abmahnung vorausgehen muss. Keine Regelung ohne Ausnahme, insofern gilt, dass eine Abmahnung dann entbehrlich ist, wenn das Vertrauensverhältnis zwischen Arbeitgeber und Arbeitnehmer unwiederbringlich zerstört ist, der Arbeitnehmer sein Verhalten nicht ändern kann bzw. der Arbeitnehmer nicht gewillt ist, sein Verhalten zu ändern. Es gilt zu beachten, dass die Gründe der vorausgehenden Abmahnung und die der Kündigung inhaltlich gleich sein müssen. So kann z. B. ein Mitarbeiter nicht zunächst wegen häufigem verspäteten Arbeitsantritt rechtswirksam abgemahnt werden und dann anschließend wegen Leistungsmängeln gekündigt werden.

Die Abmahnung

Die Abmahnung ist als letzte Warnung vor einer drohenden Kündigung anerkannt. Sie stellt das schwerwiegendste Sanktionierungsmittel neben der Kündigung dar, dementsprechend sollte eine Abmahnung nie leichtfertig ausgesprochen werden. Eine Abmahnung muss bestimmte inhaltliche Voraussetzungen erfüllen. Sie muss hinreichend bestimmt sein, d. h., die Leistungsmängel müssen genau dargelegt und konkretisiert werden (Beschreibung des Fehlverhaltens bzw. des Leistungsmangels mit Ort, Zeit und Zeugenangabe) und die Rechtsfolge muss angedroht werden, indem die Kündigung in Aussicht gestellt wird. Eine Abmahnung kommt nur dann in Betracht, wenn der Grund der Abmahnung auch generell als Kündigungsgrund geeignet ist. Eine Abmahnung hat keine Formvorschrift und kann dementsprechend auch wirksam mündlich ausgesprochen werden. Auf die Frage, wie viele Abmahnungen ausgesprochen werden müssen, gibt es keine eindeutige Antwort. Es besteht die Möglichkeit, dass einer Abmahnung im Wiederholungsfall der Pflichtverletzung gleich eine verhaltensbedingte Kündigung erfolgt. Es besteht aber auch die Möglichkeit, dass vor letztendlicher Aussprache der Kündigung zuvor erneut abgemahnt wird. Dies hängt von der Schwere der Vertragsverletzung ab.

Formulierungsvorschlag einer Abmahnung

Sehr geehrte/r ,

am sind Sie arbeitsunfähig erkrankt. Dies haben Sie uns aber erst am telefonisch angezeigt mit der Bemerkung, dass es sich um eine längere Erkrankung handelt. Die ärztliche Arbeitsunfähigkeitsbescheinigung haben Sie bis heute noch nicht vorgelegt.

Damit verstoßen Sie gegen die gesetzlichen Vorschriften des § 5 Entgeltfortzahlungsgesetz, die auch für den mit Ihnen geschlossenen Arbeitsvertrag gelten. Wir fordern Sie daher auf, die Arbeitsunfähigkeitsbescheinigung für Ihre aktuelle Erkrankung umgehend (spätestens am) vorzulegen und sich bei künftigen Arbeitsunfähigkeiten an die gesetzlichen Regelungen zu halten (d. h. Anzeige der Arbeitsunfähigkeit am ersten Krankheitstag, Vorlage der Arbeitsunfähigkeitsbescheinigung spätestens am auf den dritten Arbeitsunfähigkeitstag folgenden Arbeitstag). Andernfalls behalten wir es uns vor, im Wiederholungsfall das Arbeitsverhältnis zu kündigen.

Eine Abschrift dieser Abmahnung werden wir zu Ihrer Personalakte nehmen.

Mit freundlichen Grüßen

Schritt 5

Sind möglicherweise Bedingungen für eine fristlose Kündigung erfüllt?

Eine außerordentliche Kündigung setzt die folgenden Bedingungen voraus:

- Wichtiger Grund (Fortsetzung des Arbeitsverhältnisses ist unzumutbar),
- rechtzeitige Kündigungserklärung (Einhaltung der Zwei-Wochen-Frist zwischen Kenntnisnahme der Inhalte, die zur fristlosen Kündigung führen, und Zugang des Kündigungsschreibens).

> Eine vorherige Sachverhaltsklärung ist sinnvoll. Hören Sie sich den Vortrag des Mitarbeiters vor Aussprache der Kündigung an und halten diesen Vortrag schriftlich fest.

Schritt 6

Ist ein besonderer Kündigungsschutz zu beachten?

Eine Kündigung der folgenden Gruppen ist nur unter strengen Kriterien und erschwerten Voraussetzungen möglich:

- Betriebsratsmitglieder (während und ein Jahr nach ihrer Amtszeit nur außerordentlich kündbar),
- werdende Mütter und Eltern in Erziehungsurlaub (nur kündbar mit vorheriger Zustimmung der zuständigen Landesbehörde für Arbeitsschutz),
- Schwerbehinderte (nur kündbar mit der Zustimmung des zuständigen Integrationsamts).

Schritt 7

Ist der Betriebsrat beteiligt worden?

Falls es im Unternehmen einen Betriebsrat gibt, so ist dieser vor jeder Kündigung gemäß § 102 Abs. 1 BetrVG anzuhören. Dies gilt für jede Kündigung, ob der Mitarbeiter bereits Kündigungsschutz genießt oder nicht. Wurde der Betriebsrat nicht zuvor angehört, so ist die Kündigung nichtig! Der Betriebsrat kann bei einer ordentlichen Kündigung innerhalb von einer Woche und bei einer außerordentlichen Kündigung innerhalb von drei Tagen widersprechen. Informieren Sie den Betriebsrat schriftlich über die Personalien des zu kündigenden Mitarbeiters, die Art der Kündigung, die Kündigungsfrist und die Gründe.

Schritt 8

Wie ist eine Kündigung zu erklären? Sind alle formellen Aspekte eingehalten worden?

Eine Kündigung muss zwingend schriftlich erfolgen (§ 623 BGB). Eine mündlich ausgesprochene Kündigung ist nichtig. Aus dem Kündigungsschreiben muss unmissverständlich hervorgehen, dass die Beendigung des Arbeitsverhältnisses beabsichtigt ist, insofern sollte das Wort „Kündigung" im Kündigungsschreiben auch verwendet werden, um Missverständnisse auszuschließen. Die Benennung von Kündigungsgründen ist im Kündigungsschreiben nicht notwendig. Zu beachten ist, dass im Fall der fristlosen Kündigung die Verpflichtung besteht, die Kündigungsgründe schriftlich darzulegen, falls dies der Mitarbeiter verlangt (§ 626 Abs. 2 S. 3 BGB).

Neben der Schriftform ist zu beachten, dass ein Kündigungsschreiben nicht von jeder Person rechtswirksam unterschrieben werden kann. Die Unterschrift hat direkt vom Arbeitgeber, d.h. vom Firmeninhaber oder Geschäftsführer zu erfolgen oder von Personengruppen, die aufgrund ihrer Position im Unternehmen zu Kündigungen allgemein befugt sind (z.B. Leiter der Personalabteilung, Prokuristen). Sollte eine Kündigung durch eine andere Person unterschrieben werden, erfordert dies, dass dem Kündigungsschreiben eine Originalvollmacht beigefügt wird.

Schritt 9

Ist der Zugang der Kündigung gesichert?

Der rechtzeitige Zugang des Kündigungsschreibens muss gesichert und im Streitfalle auch nachgewiesen werden. Der sicherste Weg stellt die direkte Übergabe und die schriftliche Quittierung des Erhalts des Schreibens dar. Schicken Sie z.B. das Kündigungsschreiben per Post zu und der Mitarbeiter behauptet, dass er das Schreiben nicht erhalten hat, so ist die Kündigung formell nicht zugegangen und damit die Kündigung auch nichtig.

Zustellprotokoll

❑ Das Kündigungsschreiben vom habe ich

(Name des Mitarbeiters)

am (Datum der Übergabe) erhalten und dessen Inhalt zur Kenntnis genommen.

Datum Unterschrift

❑ Das Kündigungsschreiben vom habe ich persönlich abgegeben. Der Empfänger wurde über den Inhalt aufgeklärt. Die Quittierung des Schreibens wurde verweigert.

Datum

Unterschrift (Bote) u. U. Unterschrift (Zeuge)

❑ Um Uhr klingelte ich an der Haustür. Es wurde nicht geöffnet. Nach weiterem Klingeln habe ich den Zustellversuch erfolglos beendet.

Ich habe den verschlossenen Umschlag um Uhr in den Hausbriefkasten mit dem Namensschild gelegt.

Datum

Unterschrift (Bote) u. U. Unterschrift (Zeuge)

Die sorgfältige Vorbereitung und Durchführung einer Kündigung durch die Fragestellungen in den vorgegebenen neun Schritten helfen Ihnen, in der Praxis formgerecht und rechtssicher vorzugehen. Diese allgemeinen Hinweise dienen Ihnen als praktische Leitlinie, die durch die juristische Einzelfallprüfung ergänzt werden sollte. Zur juristischen Beurteilung können Sie sich an Fachanwälte für Arbeitsrecht, die Innungen und Kreishandwerkerschaften wenden.

Der Reinigungsprofi – Klarheit pur!

Band 1:

Teppichböden, Teppiche, Teppichfliesen, Läufer gründlich und schonend säubern!

> Wie sind Teppichgewebe aufgebaut?

> Wie **empfindlich** sind die Materialien und Fasern?

> Wie erkennen Sie den **Fasertyp** schnell und sicher?

> Welche **Reinigungsmittel** werden gut vertragen und welche weniger gut?

> Wie kriegen Sie welche **Flecken** raus?

> Wie holen Sie das **Optimum** aus der Reinigungstechnik heraus?

> Wie kriegen Sie **Hausstaubmilben** los?

Lutz
Textile Fußbodenbeläge
Softcover, 80 Seiten
ISBN 978-3-609-61872-2
€ 12,99

Band 2:

Linoleum, PVC-, Gummiböden & Co. richtig reinigen

> **Aufbau und Eigenschaften** elastischer Böden

> Wie **erkennt** man die Art des Belags schnell und sicher?

> Welche **Reinigungsmittel** sind geeignet?

> Maschinen, Geräte und Reinigungsutensilien für elastische Beläge **professionell warten und pflegen**

> **Kriterien** für die Wahl des optimalen Reinigungsverfahrens und „So-mache-ich-es-richtig"-Anleitungen

> **Oberflächenveränderungen:** Was kann man tun?

Lutz
Elastische Fußbodenbeläge
Softcover, 112 Seiten
ISBN 978-3-609-61877-7
€ 12,99

Band 3:

Holz-, Kork- und Laminatböden richtig behandeln!

> Holz, Kork, Laminat: **Aufbau und Eigenschaften** der Böden

> Welche **Belagsart** haben Sie vor sich, welches **Verlegemuster**?

> Welche **Reinigungsmittel** können Sie nehmen?

> Maschinen, Geräte und Utensilien für Holzböden – inklusive **Parkettschleifmaschinen**

> Reinigungsverfahren: Auswahlkriterien und Anleitungen

> Was tun bei feuchten, vergrauten, klebrigen Böden …?

Lutz
Holzbodenbeläge
Softcover, 92 Seiten
ISBN 978-3-609-61878-4
€ 12,99

Verlagsgruppe Hüthig Jehle Rehm GmbH
Unternehmensbereich **ecomed SICHERHEIT**
80289 München · Service-Telefon: 0800/2183-333
kundenbetreuung@hjr-verlag.de
Preisstand 5/2014. Irrtum und Änderungen vorbehalten.

ecomed SICHERHEIT
www.ecomed-storck.de